NHK
园艺指南

图解柑橘类整形修剪
与栽培月历

[日]三轮正幸 著

赵长民 译

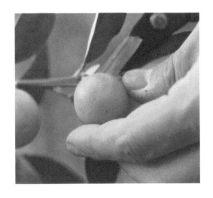

机械工业出版社
CHINA MACHINE PRESS

目录

Contents

病虫害的识别和其他常见问题　　　　**76**

为了更好地培育　　　　**82**

本书的使用方法

本书以月历（1~12月）的形式，对柑橘类栽培过程中每个月的工作与管理做了详尽的说明。另外，还对其主要品种和病虫害防治方法做了详细介绍。

※ 在"柑橘类栽培的基础知识"（第5~30页）部分，对柑橘类的生长发育特点、栽培方面的注意事项、种类和品种选择时的要点等做了详细介绍。

※ 在"12个月栽培月历"（第31~75页）部分，介绍了柑橘类栽培过程中每月主要的工作与管理。按照初学者必须进行的"基本的农事工作"和中、高级者有意挑战的"尝试工作"两个层次加以说明，主要的操作步骤在对应的月份加以揭示。

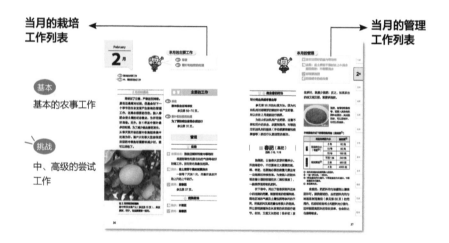

当月的栽培工作列表

基本　基本的农事工作

挑战　中、高级的尝试工作

当月的管理工作列表

※ 在"主要病虫害及防治措施"（第76~81页）部分，对柑橘类主要发生的病虫害及防治措施加以说明。

※ 在"为了更好地培育"（第82~95页）部分，介绍了更详细的柑橘类栽培技术要点。

● 本书以日本关东以西地区为基准（译注：气候类似我国长江流域），因地域、气候的不同，柑橘类的生长发育状态、开花期、工作适期等也会有所差异。另外，浇水和肥料的使用等只是一个参考，请根据植物的生长发育状态，适当进行调整。

● 在日本，对于已经登记的品种，禁止以转让、贩卖为目的进行无限制的繁殖。另外，有些品种即使是自用的，也禁止转让和过度繁育，必须与种苗公司签订合同。在进行压条等营养繁殖时，也要事前进行确认。

柑橘类栽培的基础知识

在日本能找得到的柑橘种类有100种以上。每一种都独具特色，味道也很丰富。具体培育哪一种才好，这是栽培的烦恼，也是栽培的乐趣。

Citrus

M.Miura

柑橘类植物是什么样的

起源

柑橘类植物就是芸香科中，属于柑橘属、金橘属、枸橘属的植物（也有的将这类植物统称为芸香属）。

柑橘类的祖先（原生种），据推测生长在 2000 万 ~3000 万年前的印度东北部到中国南部。总起来说，不耐寒是它的特点。直到现在，还有非常多的种类和品种在世界各地被培育出来，总数有多少，也只是推测，都没有详细的记载。

柑橘类在一年当中都有采收

柑橘类的开花期主要是在 5 月（金橘属的主要是在 7 月左右）。采收期从 8 月开始（酸橘）到第 2 年 7 月（巴伦西亚橙），在一年当中都有柑橘类的水果可以采收。

柑橘类果实，从直径 1 厘米（山金橘），到直径 25 厘米（晚白柚），大小变化幅度很广。果实的色泽有橙色、黄色、绿色。柑橘类有丰富多样的酸甜味和香味，能使人们品尝到各种各样的口味。

柑橘类的采收适期

● 在8~10月采收的柑橘类

酸橘　　瓯橘

● 在11~12月采收的柑橘类

温州蜜柑　　甜橘

7月　6月　5月
8月　开花
9月
10月
11月　着色成熟
12月　1月　2月　3月
4月　5月　6月　7月

● 在1~7月采收的柑橘类

八朔柑　　柚

濑户火　　巴伦西亚橙

柑橘类的生长发育特点和栽培上的注意事项

耐寒性弱

因为柑橘类植物几乎全是常绿果树*，所以总的来说不耐寒。为应对寒冷，必须采取措施（参见第8页）。

如果没有酸味，就表明可以采收了

到了成熟期，有些品种（参见第68页）的果实虽说完全地变了色，但是酸味还是很强，也不能吃。如果酸味没有了，就表明可以采收了。

易出现隔年结实现象

如果当年结实太多，到第2年就会不结实了（即隔年结实现象）。若在7~9月时进行疏果（参见第60~61页），可以防止隔年结实现象的发生。

需施肥

因为在一年中可发出三次枝，即春枝、夏枝、秋枝，所以需要很多的肥料。每年可分3~4次进行施肥（参见第88~89页）。

几乎不需要授粉树

即使只有1株苗木，其结实性也很好。但是像八朔柑和柚等一部分种类和品种，是必须用授粉树的（参见第82页）。

有刺

柠檬和香橙等植物的枝上有特别大的刺，会对人造成伤害，还有可能对果实和枝叶造成伤害，所以就应该剪除（参见第9、49页）。

用盆栽也能培育

不论什么样的柑橘类都能用盆栽。用盆栽，除节省空间外，还有结实好的优点。比如，放置场所易改变，对调节温度和日照条件等很有利（参见第90页）。

* 枸橘是落叶果树。

培育时的选择要点

根据味道来选择

建议你首先选择自己喜欢的味道的柑橘类来培育。如果采收是盼望已久的，与之相适应的管理工作也就应该更认真、更细致。

根据耐寒性来选择

柑橘类的耐寒性因种类和品种的不同而有所差异（参见右图）。如果庭院栽培，就需选择那些耐寒临界温度比居住地的最低温度还要高的柑橘类；如果想培育的柑橘类的耐寒临界温度比居住地的最低温度还低，可选用盆栽，想办法放到在冬天也可防冻的场所（参见第90页）。

根据采收适期来选择

如果把5月开花作为起点来考虑，那么采收适期早的果实遭过病虫害的风险要小，所以对于初学者来说，采收时期早的柑橘类是大力推荐的。另外，果实需要在树上越冬以脱去酸味的、在1~7月采收的柑橘类（参见第68~69页），如果种植在下霜的寒冷地区，有可能由于寒冷而冻伤果实。所以应避免选择这些品种，或用盆栽并想办法将其放置到可防寒的越冬场所（参见第90页）。

柑橘类的耐寒性临界点

所谓耐寒性临界点，就是柑橘类能耐受寒冷的最低温度。如果温度再低，枝叶就开始枯死。

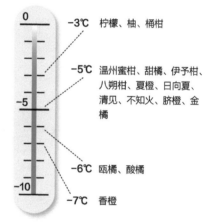

-3℃	柠檬、柚、桶柑
-5℃	温州蜜柑、甜橘、伊予柑、八朔柑、夏橙、日向夏、清见、不知火、脐橙、金橘
-6℃	瓯橘、酸橘
-7℃	香橙

注：资料来源于《果树农业振兴方针》（日本农林水产省 2015 年）。

如果想培育的柑橘类在上面没有记载，可参考其亲本或相近的种类（参见第28~29页）的耐寒临界温度。

柠檬果实，在冬天由于寒冷而变成白色。在寒冷地区让它在树上越冬是很困难的，所以要注意。

根据刺的多少来选择

无论什么样的柑橘类，都多少地有一些刺。一般幼树时较多，随着树的生长发育，刺的发生逐渐减少，待长成大树，则几乎不明显了。但有的种类即使长成大树了，刺还是保留着。

如果不喜欢刺多，就把这些柑橘类从候补种类当中除去，柠檬可选择维拉福兰卡，金橘就选小玛鲁古这些刺小且发生量少的品种。另外，即使把刺剪除，对柑橘类的生长发育也几乎没有影响，所以只要一发现刺，就立即用剪刀将其剪除（参见 49 页）。

即使长到了成树，刺还是很明显的柑橘类

枸橘、香橙、柠檬、金橘、花橙、瓯橘、柚、濑户火、春火等。

即使剪除了刺也不影响其正常的生长发育。

专栏

柑橘类的种类和品种

因自然条件下的杂交和突然变异产生的个体，以及通过人工杂交而产生的个体，有某些有益的性质和特征，它们和另外的个体有明显的区别，我们把这类个体叫作"品种"。产生的新个体经过常年的栽培，又产生出很多相近似的品种，在本书中把这些近似的品种叫作"种类"，和品种进行区分。例如，温州蜜柑这一种类的柑橘类，由宫川早生和青岛温州等品种构成。

温州蜜柑	金橘
宫川早生	宁波金橘
南柑20号	大实金橘
青岛温州	小玛鲁古

柠檬	
里斯本	濑户火
尤力克	春火
维拉福兰卡	天草

绿字：种类名　黑字：品种名

想培育的种类和品种

＊采收的方式参见第68页，吃法参见第94~95页。

蜜柑类

蜜柑类

　　像温州蜜柑这种小型或中型、果皮易剥的柑橘类，也叫作蜜柑、橘等。

温州蜜柑

采收适期：9~12月　　果实重：100~150克
采收类型：Ⅰ、Ⅱ　　食用方法：B、C

　　日本原产的蜜柑类，通常说的蜜柑多指本种，据说所含品种数已超过200种。采收时期：极早熟的温州蜜柑在9月，早熟的温州蜜柑在10~11月，中熟的温州蜜柑和普通的温州蜜柑在11月，晚熟的温州蜜柑在12月。一般无籽，但近年来，八朔柑等花粉多的品种有籽。

宫川早生 早熟的温州蜜柑。果皮薄，风味浓厚，贮存性好。

南柑20号 中熟的温州蜜柑。果色浓，酸味少，糖度高。

青岛温州 晚熟的温州蜜柑。大果，贮存性好，但树势稍强。

太田甜橘 大果，贮存性好树势强。

甜橘

采收适期：12月　　果实重：150~200克
采收类型：Ⅱ　　食用方法：B、C

　　原产于印度的蜜柑类，主要分布在亚洲，在巴西等地也有栽培。在温暖地带栽培，能采收到品质好的果实，主要有太田甜橘、吉田甜橘、森田甜橘等品种。如果有酸味，可贮存到1~2月再食用。

橘

采收适期：11~12月　　果实重：40克
采收类型：Ⅱ　　　　　食用方法：F

野生种，在《日本书记》中有记载。即使完全成熟时，酸味仍然很强。香酸甜橘类被普遍利用，在本书中作为蜜柑类来介绍。

NP-T.Narikiyo

纪州蜜柑（别名：樱岛小蜜柑）

采收适期：12月　　果实重：40~50克
采收类型：Ⅱ　　　　食用方法：B、C

在温州蜜柑引入日本之前，纪州蜜柑是日本栽培的主要蜜柑类品种，也有无核纪州等。鹿儿岛县的特产——樱岛小蜜柑，和本种是同一种。

M.Miwa

再想吃

采收适期：2~4月　　果实重：100~150克
采收类型：Ⅲ　　　　食用方法：B、C

由美国培育而成，是皇帝柑（贡柑）（原产中国）和地中海柑橘的杂交种，果皮、果肉都是浓浓的橙色。

M.Miwa

卡拉

采收适期：4~5月　　果实重：150克
采收类型：Ⅲ　　　　食用方法：B、C

温州蜜柑和皇帝柑的杂交种，是从美国传来的，是日本爱媛县的特产，进口的果实也是在初夏上市。

M.Miwa

南津海

采收适期：4~5月　　果实重：150克
采收类型：Ⅲ　　　　食用方法：B、C

卡拉和吉浦甜橘的杂交种，它的特点是很甜。在蜜柑类中，酸味脱去得较晚。

M.Miwa

吃法：B 剥去果皮后连囊瓣膜一起吃　C 剥去果皮和囊瓣膜　F 榨果汁或进行加工　　**11**

甜橙类

甜橙类

　　甜味很强、酸味很弱的一类橙子，占世界上柑橘生产量的近 70%。它们喜好温暖地区，在日本比较适宜栽培。

白柳脐，该品种酸味少，在 1~2 月能吃到。

M.Miwa

脐橙

采收适期：1~2月　果实重：220~300克
采收类型：Ⅲ　　　食用方法：D

　　和果实的轴（果梗）相反的那一侧凸出来是它的特征。有白柳脐、清家脐、森田脐等品种，比巴伦西亚橙脱酸味快，即使在日本也容易栽培。几乎无核是它很好的特性。

巴伦西亚橙

采收适期：6~7月　果实重：200~250克
采收类型：Ⅲ　　　食用方法：D

　　作为世界上生产量最多的一类柑橘，在日本越冬时由于寒冷而对果实造成冻害（参见第8页），每年5月以后果实易发生从橙色回到绿色的"回青"现象（参见第80页），所以高品质的果实难以培育，但是近年来在日本的生产面积还在扩大。

M.Miwa

因为没有像脐橙那样的"脐"，所以能区分开。

M.Miwa

血橙

采收适期：2~3月　果实重：170~200克
采收类型：Ⅲ　　　食用方法：D

　　原产于地中海周边的橙子，因为果皮和果肉中含有花青素的色素，所以呈红色。有塔罗科、摩洛、圣热内罗等品种。如果有酸味难以脱掉，也可以贮存到4月。

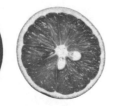

M.Miwa

酸橙类

酸橙类

酸味特别强的一类橙子，也叫橙类。其代表品种有下面介绍的橙、香柠檬等。

橙

采收适期：10~12月　　果实重：180~250克
采收类型：Ⅱ　　　　　食用方法：F

别名小熊橙、回青橙。因为酸味很强，所以不适合生吃。在日本，为了祈祷子孙代代繁荣，在正月里镜饼上放着的果实主要是这种橙。如果5月以后还在树上挂着，果实的表面会从橙色又回到了青色，即发生"回青"，所以最迟也要在2月采收完。

香柠檬

采收适期：12月　　果实重：140克
采收类型：Ⅱ　　　　食用方法：F

据推测，它是橙和酸橙的杂交种。原产于意大利，当时是为了从果皮中提取精油而栽培。精油可以作为花露水的原料，也可为伯爵灰色的红茶增添香味。香柠檬的果肉甜味少，不适合生吃。

专栏

尽情欣赏带斑纹的柑橘类

目前，有大量的柑橘类被作为观赏用而栽培，因其叶和果实上带有白色至黄色的花斑，但果实采收后也可以食用。

左上／带斑纹的橙　左下／带斑纹的金橘
右上／粉红色柠檬的叶
右下／带斑纹的温州蜜柑的叶

橘橙类

橘橙类

橘类和甜橙类杂交种的总称，其名字从亲本名字中各取一个字组合而成。同时具有橘类果皮易剥的特性和甜橙类的香味，是很受欢迎的种类。

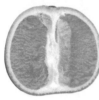

M.Miwa

桶柑

采收适期：2～3月　果实重：150～200克
采收类型：Ⅲ　　　食用方法：B、C

原产于中国，据推测是甜橙和甜橘或者另外的橘类的杂交种。虽然稍微小一点儿，但是糖度、香味强，口感好。耐寒性特别弱，在日本主要是在鹿儿岛县以南的地区栽培。有桶柑垂水1号等品种。

M.Miwa

清见

采收适期：4月　果实重：200克
采收类型：Ⅲ　　食用方法：D

由日本培育成的橘橙类的先驱者品种，现在一般作为栽培品种的亲本来培育（参见第28页）。口感好，因为不开花粉所以很少有籽，但是果皮难剥。虽说不需要授粉树，但也不适合作为其他柑橘类的授粉树。

M.Miwa

不知火

采收适期：2～3月　果实重：230克
采收类型：Ⅲ　　　食用方法：B、C

果实和果梗相连的部分鼓出，有凸起，是高品质的果实，糖度达13%以上，酸度在1.0%以下。经常说的"凸顶柑"是其注册商标只有和日本园艺农业合作社联合会（日园联）签合同的农业合作社在出货的商品上才能使用这个商标。因为其很容易有隔年结实现象，所以疏果很重要。

濑户火

采收适期：2~3月　果实重：250克
采收类型：Ⅲ　　　食用方法：D

　籽少并且膜（囊瓣膜）薄，吃起来很方便，糖度高，风味好，是近年来很受欢迎的品种。即使长成大树还是有刺，但相对于其他品种苗木的刺少，所以有较多上市。

M.Miwa

天草

采收适期：1月　果实重：200克
采收类型：Ⅲ　　食用方法：D

　果汁丰富，果肉柔软，在嘴里产生黏糊糊的口感，是很受欢迎的橘橙类。果皮难剥，用刀等工具切开即可。因为不耐溃疡病，所以必须要注意。

 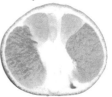

M.Miwa

晴姬

采收适期：12月　果实重：180克
采收类型：Ⅱ　　 食用方法：B、C

　果皮易剥并且当年就能采收，在分类上将其归为橘类的较多。但因混有清见的血统，表现出温州蜜柑和橙子的特性，所以在本书作为橘橙类来进行介绍。

 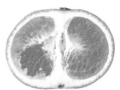

M.Miwa

丽红

采收适期：1月　果实重：210克
采收类型：Ⅲ　　食用方法：B、C

　果皮的橙色浓并且有光泽，外观很漂亮，有像橙子那样的香味和很高的糖度。在开花时如果接触另外的柑橘类的花粉，就会产生种子，所以要注意。

柚类

柚类
柚及其同类的总称，它的特征是果实大并且有厚的果皮。葡萄柚也是从柚类中发生出来的，所以在本书作为柚类来进行介绍。

M.Miwa

土佐柚

柚（文旦）

采收适期：1~2月　果实重：500~2000克
采收类型：Ⅲ　　　食用方法：C

别名朱栾，主要品种有土佐柚、水晶柚、平户柚等。作为授粉树，夏橙等的花粉多，把它栽在其他柑橘类的旁边即可。如果酸味还很强，可贮存到3~4月再食用。

M.Miwa

强德勒柚

采收适期：3~4月　果实重：1000~2300克
采收类型：Ⅲ　　　食用方法：C

据推测是柚和葡萄柚的杂交种，其特征是果肉呈红色。授粉树是必需的，如果长有大量种子，能采收到极大的果。

M.Miwa

楳柚

采收适期：5~6月　果实重：500~600克
采收类型：Ⅲ　　　食用方法：C

八朔柑和平户柚的杂交种，风味很好地保留了柚的特性，比其他柚类对病虫害的抗性和寒冷的忍耐力强，容易培育。

M.Miwa

黄柚

采收适期：5~6月　果实重：500克
采收类型：Ⅲ　　　食用方法：C

它和楳柚是从同一个杂交亲本中培育出来的姊妹品种，在柚类当中是最晚熟的品种。如果在寒冷地区培育，会因越冬时遭遇寒冷而发生落果，应多加注意。

晚白柚

采收适期：1～2月　果实重：1500～2500克
采收类型：Ⅲ　　　食用方法：C

在日本的柑橘类中以个头最大而著称。果实比小孩头还大，而且果肉生着吃时也很好吃，就是果皮厚，剥皮时很费工夫。如果酸味太强，就贮存到3~4月再吃。授粉树是必需的。

狮子柚

采收适期：12月　果实重：1000～1200克
采收类型：Ⅱ　　　食用方法：F

也称雅加达腊柚，别名鬼柚。据推测是从东南亚传过来的，具体不详。在很多资料中将其归为杂柑类，但在本书中作为柚类进行介绍。酸味太强，不适合生吃，正月时，可作为装饰点缀品和加工品来利用。

大橘

采收适期：2～3月　果实重：600克
采收类型：Ⅲ　　　食用方法：C

有酸柚、天草文旦、珍珠柑等。由于产地原因会有很多别名。香味好、汁多，有清爽的味道是其特点。果皮厚，不易弄伤，耐贮存，可一直售卖到初夏。

葡萄柚

采收适期：2～5月　果实重：250～500克
采收类型：Ⅲ　　　食用方法：D

据推测是在西印度群岛先用柚的种子培育出苗木，再和甜橙类杂交而成的，有邓肯葡萄柚、白金柚、玛希无籽等品种。在日本，通常把以色列产的白金柚叫作"糖果"。

白金柚

橘柚类

橘类和柚类杂交种的总称，其名字是从亲本名字中各取一个字组合而成。它们同时具有橘类果皮易剥的特性和柚类的多汁性，所以是很受欢迎的种类。

NP-N.Kamibayashi

甜春

采收适期：1～2月　　果实重：200～250克
采收类型：Ⅲ　　　　食用方法：C、D

上田温州和八朔柑的杂交种。八朔柑凹凸不平的外观虽然不好看，但是果肉柔软，很受欢迎。其在开花时如果接触其他柑橘类的花粉，就会产生种子，所以要注意。

NP-N.Kamibayashi

M.Miwa

塞米诺尔

采收适期：3～5月　　果实重：150～200克
采收类型：Ⅲ　　　　食用方法：B、C、D

葡萄柚邓肯和丹西橘的杂交种。果皮平滑、有赤橙色的色泽是它的特征。丰产性好，不易出现隔年结实现象。耐寒临界温度为−4℃左右。授粉树是必需的。

M.Miwa

米尼奥拉

采收适期：3～4月　　果实重：150～200克
采收类型：Ⅲ　　　　食用方法：B、C、D

塞米诺尔的姊妹品种，它们有同一亲本。果梗附近有凸起是其特征。在初夏时还可售卖，知名度也很高。如果区域气候温暖，在日本也能栽培。耐寒性弱。授粉树是必需的。

NP-T.Narikiyo

Fairchild

采收适期：12月　　　果实重：150克
采收类型：Ⅲ　　　　食用方法：C

橘类的克莱门氏小柑橘和橘柚类的奥兰多的杂交种。果皮呈深橙色，果肉柔软并且汁多。虽然个头稍小，但口感好。

杂柑类

杂柑类

在日本长年利用的柑橘类当中，对来历不明的杂种性的种类进行汇总，称为杂柑类。有些资料也会将某些杂柑归为柚类或橘柚类。

夏橙

采收适期：3~5月　　果实重：400~500克
采收类型：Ⅲ　　　　食用方法：C

因为采收时节是在酸味脱去后的初夏，所以叫夏橙。它继承了柚的血统，是在日本山口县培育出来的。现在经过突然变异产生了川野夏橙（甘夏）、新甘夏、红甘夏等品种，代替普通的夏橙。

川野夏橙（甘夏）酸味脱去的时间比普通的夏橙稍微早一点儿（3~4月），口感也很好。

新甘夏 别名新塞文、阳光水果、田浦橙。

红甘夏果皮和果肉的橙色浓，口感也好。

八朔柑

采收适期：1~2月　　果实重：400克
采收类型：Ⅲ　　　　食用方法：C

它是在明治初期产生的中晚熟柑橘，据推测是以柚为亲本的橘柚类，有和红八朔（红八朔）、农间红八朔等品种。如果还有酸味，就贮存到3~4月再吃。授粉树是必需的。

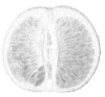

宫内伊予柑是日本爱媛县种植稳定的
品种，成熟早，产量高。

伊予柑

采收适期：1~2月　果实重：250克
采收类型：Ⅲ　　　食用方法：C

　　由日本山口县培育出来，在爱媛县大量栽培并且
是大家熟知的柑橘类，有宫内伊予柑、胜山伊予柑等
品种。有的资料也把其归为橘橙类或橘柚类。如果酸
味强，可贮存到3~4月再吃。

日向夏

采收适期：4~5月　果实重：200~300克
采收类型：Ⅲ　　　食用方法：E

　　别名新夏橙、小夏。从性质上来推测，它和柚子
有血缘关系。有果皮色泽浓的日向橙和籽少的室户小
夏等品种。要想结实好，必须用授粉树。白色棉絮状
的部位（白内皮）苦味少，可以吃（参见第95页）。

普通的日向夏　江户时代在宫崎县被
发现。

日向橙昭和时代在静冈县被发现，果皮呈浓橙色。

室户小夏昭和时代在高知县被发现，籽少。

春火

采收适期：2~3月　果实重：200克
采收类型：Ⅲ　　　食用方法：E

　　它是从日向夏中选育出的杂柑类的新星。酸味少，
香味好，香甜的口感很受欢迎。和日向夏相同，剥去
薄的果皮、切开，可连白色棉絮状的部位（白内皮）
一起吃（参见第95页）。

河内晚柑

采收适期：2～4月　　果实重：400～500克
采收类型：Ⅲ　　食用方法：B、C、D

　　又称美生柑、宇和金、多汁橙、爱南金等，有很多别名。从外观和味道上评价，会被称为"日产的葡萄柚"。因为继承了柚的血统，所以有的资料中将其归为柚类。

M.Miwa

三宝柑

采收适期：2～4月　　果实重：250～300克
采收类型：Ⅲ　　食用方法：C

　　在果梗部分发生凸起是其特征，但是和不知火没有直接的血缘关系。在日本，从江户时代便开始栽培，曾经在和歌山县有过大量栽培，但是容易发生成粒、糖度下降的情况，所以现在有栽培面积减少的倾向。

M.Miwa

黄橘

采收适期：2～4月　　果实重：80克
采收类型：Ⅲ　　食用方法：B、C、E

　　别名黄金柑、黄金橘。推测和柚子有血缘关系，具体不详。小果且果皮难剥，但是香味和糖度高、口感好，所以很受欢迎。丰产性好，适合家庭园艺栽培。

M.Miwa

瓢柑

采收适期：4～5月　　果实重：300克
采收类型：Ⅲ　　食用方法：C、D

　　因为果实像葫芦那样呈纵长形而得名。据推测和柚子有血缘关系。味道清淡，但是从外观上看非常珍奇，所以较受欢迎。有弓削瓢柑等品种。

金橘类

金橘类

金橘属的柑橘类的总称，果实小，能连果皮一起吃是它的特征。可以和柑橘属进行杂交，现有大实金橘等杂交种。

金橘

采收适期：12~3月　果实重：2~30克
采收类型：Ⅱ、Ⅲ　食用方法：A

果皮甜，果肉有点酸味，是在7月里开花的珍奇柑橘类。栽培最多的品种是宁波金橘，其次是金橘和橘类杂交的大实金橘。近年来，籽少刺小的小玛鲁古很受欢迎。它到第二年春天时还能挂在树上，但是因为容易被树损伤，所以应尽可能地早采收。

NP-T.Narikiyo　*M.Miwa*

宁波金橘 稳定种植的金橘，没有明确标记品种名的苗木，是本种的可能性很大。

NP-S.Maruyama　*M.Miwa*

大实金橘 又称长寿金橘，能结30克左右的大果，但是口感不好。

NP-M.Takeda　*M.Miwa*

小玛鲁古 籽少且小，因为刺小而且少，所以大力推荐栽培此品种。

NP-M.Fukuoka　*M.Miwa*

山金橘 别名金豆。果实重2克左右，不适合生吃，适合用盆栽作为观赏用。

NP-T.Narikiyo

长金橘 果实长是它的特征。因为果皮糖度低、果肉酸味强，所以近年来不怎么有卖的了。

<table>
<tr><td>

枸橼类

</td><td>

枸橼类

　　自然分布在印度东北部的果皮厚的柑橘类。它和橘类、柚类并列，和很多的柑橘类有血缘关系。

</td></tr>
</table>

枸橼

采收适期：12月　　果实重：100～5000克
采收类型：Ⅱ　　　食用方法：E、F

　　有厚的果皮是它的特征。在意大利用的是"切德罗"这一名字，可见到最大5千克左右的果实。薄薄地剥去一层果皮就可以吃，果汁还可用来做菜。在日本较少见。

M.Miwa

香橼（佛手柑）

采收适期：12月　　果实重：200克
采收类型：Ⅱ　　　食用方法：F

　　在果实上有纵列的刻痕，因看上去像佛的手指而被命名。和枸橼一样果皮厚、果肉薄，多作为佛坛等的供奉品而被利用。也可用砂糖等将其腌制后当菜吃。

<table>
<tr><td>

枸橘类

</td><td>

枸橘类

　　枸橘属的柑橘类的总称，叶有3片且分开，有落叶性，具有尖锐的刺。作为砧木而被利用。

</td></tr>
</table>

枸橘

采收适期：11～12月　　果实重：30～40克
采收类型：Ⅱ　　　　食用方法：F

　　因为果实小、酸味和苦味很强，所以几乎没有食用价值。和多数柑橘类之间的适应性好，有较好的耐寒性和抗病性，在嫁接时可作为砧木而被利用。变异种的飞龙和云龙，矮化性（低树性）极强。

M.Miwa

吃法：A 连果皮一起吃　E 用刀剥去果皮后切开　F 榨果汁或进行加工

香酸柑橘类

香酸柑橘类

从橘类到枸橘类，是根据血缘关系进行分类的。但是因为有些柑橘类的香味和酸味很强，一般用于做菜等，把这些柑橘类进行汇总，即为香酸柑橘类。所以这是根据利用方法进行分类的。

柠檬

采收适期：10~12月　　果实重：100~200克
采收类型：Ⅰ、Ⅱ　　　食用方法：F

在所有的柑橘类中，柠檬也是最受欢迎的。因为耐寒性弱，在温暖地区以外的地方用花盆进行培育，冬天时将其挪到防寒的场所即可。品种方面，除耐寒性相对较强、刺小并且少的迈耶柠檬很受欢迎外，近年来的新品种——璃之香正引起广泛的关注。

里斯本 稳定种植的柠檬品种，耐寒性相对较强是它的特性。因为很容易长成大树，所以需要修剪。

尤力克 枝容易横向伸展，不易长成大树。四季花蕾开放性强，在夏天、秋天也能开花。

迈耶柠檬 柠檬和橙类（或者橘类）的杂交种。酸味弱，刺少，耐寒性相对较强。

维拉福兰卡 刺小并且少，枝的发生量也比较少。

璃之香 由里斯本和日向夏杂交而成。耐寒性强，抗溃疡病，受到广泛关注。

柚

采收适期：10～12月　果实重：100～150克
采收类型：Ⅰ、Ⅱ　　食用方法：F

　　别名本柚。原产于中国，据说在飞鸟至奈良时代传到了日本。因为刺大并且多，所以栽培时要注意。品种方面，果实虽小，但籽和刺少的多田锦很受欢迎。另外，还有大果的木头系和结实年数短的山根系等地方品系。

M.Miwa

花柚

采收适期：10～12月　果实重：50～70克
采收类型：Ⅰ、Ⅱ　　食用方法：F

　　别名一才柚、常柚。虽说比柚的树小，从栽培到结实的年数短，但是果实的大小和风味都比柚差。其花可用来做菜，作为庭院观赏树和盆栽的利用率高。

M.Miwa

酸橘

采收适期：8～10月　果实重：30～40克
采收类型：Ⅰ　　食用方法：F

　　日本德岛县特产的柑橘类，据说是柚的近缘种，被用来做鱼料理的调味品。从5月开花到8月左右就开始采收，是极早熟的、有刺和籽少的地方品系。

M.Miwa

臭橙

采收适期：9～10月　果实重：100克
采收类型：Ⅰ　　食用方法：F

　　日本大分县特产的柑橘类，用来做料理时与河豚的配合适应性非常好。和其他柑橘类一样，完全成熟时为黄色，但因为酸味几乎去不掉，所以不适合生吃。有大果的大分1号、亚种少、祖母香等品种。

M.Miwa

扁实柑橘

采收适期：10～12月　果实重：25～60克
采收类型：Ⅰ、Ⅱ　食用方法：F

　　别名扁实柠檬，是日本冲绳县野生化的柑橘类，主产地为冲绳县再加上九州地区。可作为调味品，也可榨果汁。如果采取防寒措施，在本州地区也可以栽培。

四季橘

采收适期：9～12月　果实重：40克
采收类型：Ⅰ、Ⅱ　食用方法：F

　　别名菲律宾甜橘，据推测是橘类和金橘的杂交种。果肉的酸味强，在菲律宾很受欢迎。在日本冲绳县，可代替扁实柑橘而被利用。它有四季开花的习性，观赏性很高。

酸橙

采收适期：10月　果实重：50～130克
采收类型：Ⅰ　食用方法：F

　　原产于印度周边，据说比柠檬的耐寒性还弱，在日本推荐在温暖地区栽培。其品种包含有籽、小果的墨西哥酸橙和无籽、大果的塔希提酸橙等。

瘤橘

采收适期：10～12月　果实重：50克
采收类型：Ⅰ　食用方法：F

　　照片显示的为瘤橘叶。在东南亚，它的果实和叶是做料理时不可缺少的调味品。在日本，制作咖喱饭的调味品中，多数情况下也有瘤橘叶。因为枝上有刺，所以使用时要注意。

日本各都道府县限定的商标品种

在日本各都道府县的研究机关育成的品种当中，虽然果实可以在全国贩卖，但是苗木的贩卖有时只在限定的同一都道府县内的生产者手中。所以，即使感觉买到的果实吃起来是很好的品种，也不能在自己的庭院或果园内培育。

红美人 爱媛县限定

品种名为爱媛果试第28号。果皮薄，果汁充足，吃起来有像果冻一样的口感。

甘平 爱媛县限定

橘橙类，甜味强，果实扁平，果皮薄，籽少，便于吃。

大将季 鹿儿岛县限定

由不知火的枝变异而来（突变种），果皮和果肉的色浓，口感好。

仲本五籽（扁实柑橘） 冲绳县限定

籽极少的扁实柑橘品种，但其果实和有籽的同样大。

另外还有 *

宫崎梦丸（金橘）	宫崎县	无种的金橘
媛小春	爱媛县	中晚熟柑橘
媛之火（温州蜜柑）	爱媛县	普通温州
美人（果冻橙）	大分县	品种名为大分果研 4 号
濑户蜜	山口县	商标名为梦脸蛋
黄铃（柠檬）	广岛县	无种柠檬
纪优拉拉	和歌山县	品种名为 YN26
三重纪南 4 号	三重县	中晚熟柑橘
静姬	静冈县	中晚熟柑橘

* 数据更新至 2017 年 8 月。

湘南金 神奈川县限定

果实虽然小，但是甜味和香味强，品质比亲本的黄橘还要好。

27

主要柑橘类的关系图

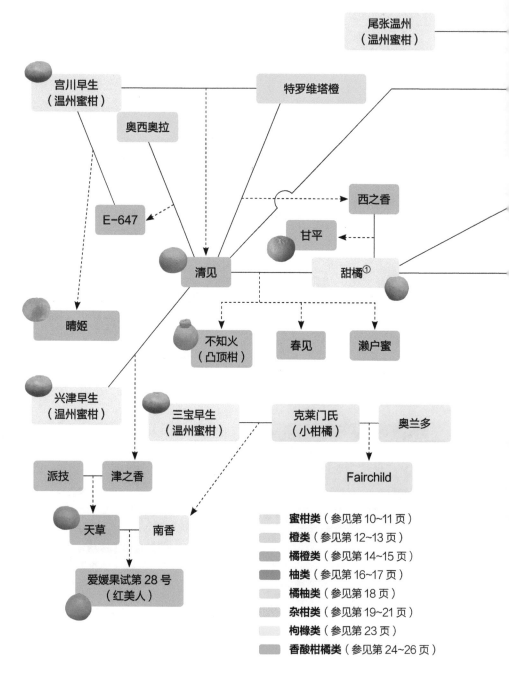

尾张温州
（温州蜜柑）

宫川早生
（温州蜜柑）

特罗维塔橙

奥西奥拉

E-647

西之香

甘平

清见

甜橘①

晴姬

不知火
（凸顶柑）

春见

濑户蜜

兴津早生
（温州蜜柑）

三宝早生
（温州蜜柑）

克莱门氏
（小柑橘）

奥兰多

派技

津之香

Fairchild

天草

南香

爱媛果试第 28 号
（红美人）

蜜柑类（参见第 10~11 页）
橙类（参见第 12~13 页）
橘橙类（参见第 14~15 页）
柚类（参见第 16~17 页）
橘柚类（参见第 18 页）
杂柑类（参见第 19~21 页）
枸橼类（参见第 23 页）
香酸柑橘类（参见第 24~26 页）

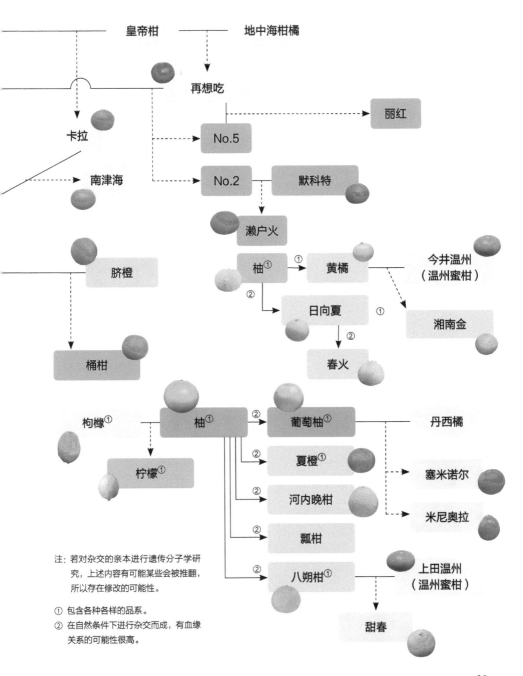

皇帝柑 —— 地中海柑橘

再想吃

卡拉

南津海

丽红

No.5

No.2 —— 默科特

濑户火

脐橙

柚① ——①—— 黄橘

今井温州
（温州蜜柑）

桶柑

② 日向夏 ①

湘南金

② 春火

枸橼① —— 柚① ——②—— 葡萄柚① —— 丹西橘

柠檬①

② 夏橙①

塞米诺尔

② 河内晚柑

米尼奥拉

② 瓢柑

② 八朔柑① —— 上田温州
（温州蜜柑）

注：若对杂交的亲本进行遗传分子学研
究，上述内容有可能某些会被推翻，
所以存在修改的可能性。

甜春

① 包含各种各样的品系。
② 在自然条件下进行杂交而成，有血缘
关系的可能性很高。

进口柑橘类

在日本，由于当地的气候等条件限制，柑橘类中的很多品种难以栽培，只能以果实的形式进口。所以一旦见到就买一些尝一尝吧。另外，有些进口的柑橘类果实用的不是品种名而是商品名。

奥阿柑橘（橘类）
主要产地：以色列

小仙子（橘类）
主要产地：美国

味浓柑橘（橘类）
主要产地：澳大利亚

默科特（橘橙类）
主要产地：澳大利亚

白金柚（葡萄柚，柚类）
主要产地：美国

玛希（葡萄柚，柚类）
主要产地：美国

红宝石（葡萄柚，柚类）
主要产地：美国

西柚（橘柚类）
主要产地：美国

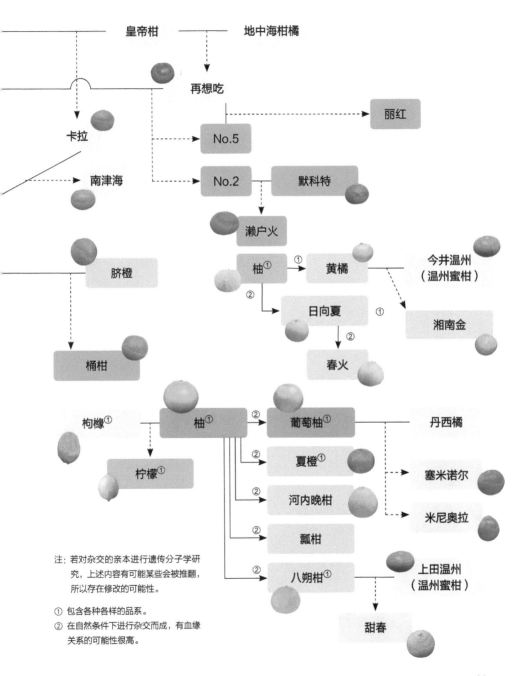

皇帝柑 ——— 地中海柑橘

再想吃

丽红

卡拉

No.5

南津海

No.2 —— 默科特

濑户火

脐橙

柚① ①→ 黄橘

今井温州
（温州蜜柑）

湘南金

日向夏 ①

桶柑

②

春火 ②

枸橼① 柚① ② 葡萄柚① —— 丹西橘

柠檬①

② 夏橙① 塞米诺尔

② 河内晚柑 米尼奥拉

② 瓢柑

② 八朔柑① 上田温州
（温州蜜柑）

注：若对杂交的亲本进行遗传分子学研
究，上述内容有可能某些会被推翻，
所以存在修改的可能性。

① 包含各种各样的品系。
② 在自然条件下进行杂交而成，有血缘
关系的可能性很高。

甜春

进口柑橘类

在日本，由于当地的气候等条件限制，柑橘类中的很多品种难以栽培，只能以果实的形式进口。所以一旦见到就买一些尝一尝吧。另外，有些进口的柑橘类果实用的不是品种名而是商品名。

奥阿柑橘（橘类）
主要产地: 以色列

小仙子（橘类）
主要产地: 美国

味浓柑橘（橘类）
主要产地: 澳大利亚

默科特（橘橙类）
主要产地: 澳大利亚

白金柚（葡萄柚，柚类）
主要产地: 美国

玛希（葡萄柚，柚类）
主要产地: 美国

红宝石（葡萄柚，柚类）
主要产地: 美国

西柚（橘柚类）
主要产地: 美国

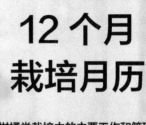

12 个月
栽培月历

将柑橘类栽培中的主要工作和管理按月份进行了简单的说明与汇总，有助于读者不误农时，培育出引以为豪的果实。

宫川早生（温州蜜柑）

在日本稳定种植的基本品种，果皮薄，甜味和酸味适中（参见第10页）。盆栽时不局限于本品种，无论什么样的柑橘类都可以享受盆栽的乐趣。

Citrus

柑橘类全年栽培工作、管理月历

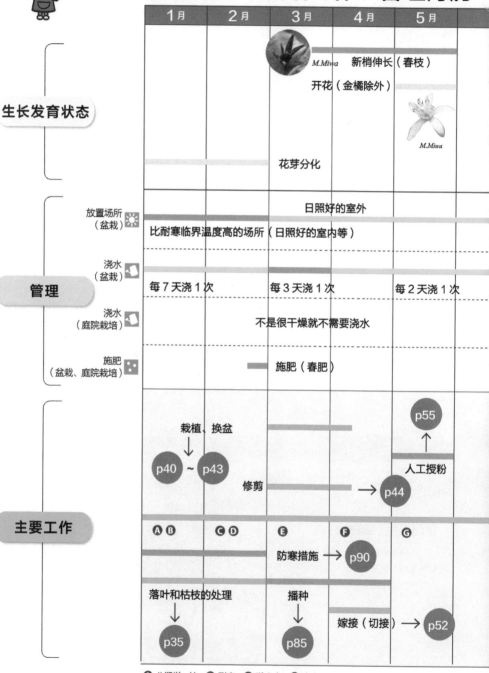

	1月	2月	3月	4月	5月

生长发育状态

- 新梢伸长（春枝）
- 开花（金橘除外）
- 花芽分化

管理

- 放置场所（盆栽）：日照好的室外 / 比耐寒临界温度高的场所（日照好的室内等）
- 浇水（盆栽）：每7天浇1次 ／ 每3天浇1次 ／ 每2天浇1次
- 浇水（庭院栽培）：不是很干燥就不需要浇水
- 施肥（盆栽、庭院栽培）：施肥（春肥）

主要工作

- 栽植、换盆 ↓ p40 ～ p43
- p55 ↑ 人工授粉
- 修剪 → p44
- Ⓐ Ⓑ　Ⓒ Ⓓ　Ⓔ　Ⓕ　Ⓖ
- 防寒措施 → p90
- 落叶和枯枝的处理 ↓ p35
- 播种 ↓ p85
- 嫁接（切接）→ p52

Ⓐ 八朔柑、柚　Ⓑ 甜春　Ⓒ 濑户火　Ⓓ 春火
Ⓔ 河内晚柑　Ⓕ 南津海　Ⓖ 日向夏、夏橙

6月	7月	8月	9月	10月	11月	12月

新梢伸长（夏枝）　　　　新梢伸长（秋枝）

开花（金橘、柠檬等）　　　　　　开花（柠檬等）

M.Miwa

果实膨大

着色、成熟

生理落果（前期）

生理落果（后期）

比耐寒临界温度高的场所

每天浇1次　　　　　每2天　　每3天　　每5天
　　　　　　　　　　浇1次　　浇1次　　浇1次

如果2周内无降雨，就要浇充足的水　　不是很干燥就不需要浇水

施肥（夏肥）　　　　　　　施肥（初秋肥）　　　施肥（秋肥）

p55、p59

p59

换盆 → p40

↑
人工授粉

疏果 → p60

↑

夏枝的疏枝　　　　秋枝的疏枝 → p65

H I	J 采收	K	L M	N	O P	Q R

↓

防寒措施

p68 ~ p70

↓

p90

H 槻柚　I 黄柚　J 巴伦西亚橙　K 酸橘　L 瓯橘　M 极早熟温州蜜柑　N 早熟温州蜜柑
O 中熟温州蜜柑　P 柠檬、柚　Q 晚熟温州蜜柑　R 金橘、甜橘

1 月的柑橘类

1 月迎来大寒节气，又冷又干燥，对于柑橘类来说是最大的考验。如果由于寒冷导致树受伤，要恢复就很费时间，不只是下一个季节，就是几年后的结实等也会受到影响，所以必须要注意。虽说是寒冷时期，脐橙、八朔柑和柚等酸味温和的中晚熟柑橘类的采收却已经开始了。在寒冷地区，如果果实遇到严寒，采收以后应放在室内保存，等酸味减少之后再吃。

在 1 月采收的柑橘类
图中所示为甜春（参见第 18 页），虽然外表凹凸不平、不好看，但是口感很好。

主要的工作

基本 采收

酸味脱去后再采收

参见第 68~70 页。

基本 落叶和枯枝的处理

为了预防病虫害而必须进行

柑橘类虽说是常绿果树，但到了寒冷的冬天也会有一定的落叶。因为病原菌和害虫能在落叶中越冬，所以应将落叶收集起来进行集中处理。

枯枝也因同样的理由必须除去。一旦发现，就用修剪用的剪刀剪掉，再进行集中处理。特别是无农药栽培时，这些工作是必须要做的。

（左）收集的落叶。（右）剪切枯枝。在落叶下面有各种各样的病原菌和害虫，在枯枝上也有黑点病等的病原菌，所以要彻底处理。

本月的管理

- ❄ 放在日照好的室内等场所
- 💧 盆栽：盆土表面干燥时在上午浇水
  庭院栽培：不需要浇水
- ✂ 不需要施肥
- 🐛 防除越冬的病虫害

管理

🥤 盆栽

❄ 放置场所：**放在日照好的室内等场所**

　　根据耐寒性和居住地的气候等做好防寒工作。放在室内是最佳选择。

💧 浇水：**盆土表面干燥时就要浇水**

　　一般每 7 天浇 1 次，尽量在温度开始上升的上午进行。

✂ 肥料：**不需要**

🏠 庭院栽培

💧 浇水：**不需要**

✂ 肥料：**不需要**

🥤🏠 病虫害的防治

介壳虫类越冬害虫等

　　冬天，矢尖介和吹绵介等介壳虫类会寄生在枝叶上越冬，基本上不移动，所以这是容易将其防除的时期。一旦发现，就立即用牙刷等擦掉即可。被擦落的介壳虫类害虫基本上会因寒冷而被冻死（参见第 63 页）。

　　当介壳虫类发展到了用牙刷等擦

不净的程度时，或是春天以后在叶螨和锈壁虱多发的情况下，将机油乳剂（也被有机农业认可）稀释到规定的倍数，在 1 月时喷洒是很有效的，可将越冬害虫一扫而光。

机油乳剂，可在越冬害虫及其卵的表面形成一层油膜，使其窒息而死。

················ 专栏

注意冻害

　　如果遇到寒冷的天气，温度降到了耐寒临界点之下，叶和果实就会被冻伤而变成白色。如果出现像照片中这样的症状，盆栽的就需要重新考虑放置场所了。

2月

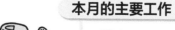

本月的主要工作

基本 采收

基本 落叶和枯枝的处理

基本 基本的农事工作

挑战 中、高级的尝试工作

2月的柑橘类

　　即使过了立春，严寒还在持续。虽说这是寒冷时期，但是会对下一个季节的生长发育产生影响的管理工作，还是必须要进行的。施入春肥会使土壤的状态健全，为开花做好准备。另外，在1年当中落叶最多的时期，为了减少病虫害的发生，从春天就开始把落叶收集起来集中处理为好。濑户火和春火这些很受欢迎的中晚熟柑橘酸味减少时，就可以采收了。

M.Miwa

在2月采收的柑橘类
图中所示为濑户火（参见第15页），果皮易剥，籽少，能连囊瓣膜一起吃。

主要的工作

基本 采收

酸味脱去后再采收

　　参见第68~70页。

基本 落叶和枯枝的处理

为了预防病虫害而必须进行

　　参见第35页。

管理

盆栽

放置场所：**放在日照好的室内等场所**

　　根据耐寒性和居住地的气候等做好防寒工作。放在室内是最佳选择。

浇水：**盆土表面干燥时就要浇水**

　　一般每7天浇1次，尽量在温度开始上升的上午进行。

肥料：**施春肥**

　　参见第37页。

庭院栽培

浇水：**不需要**

肥料：**施春肥**

🐛 病虫害的防治

对介壳虫类越冬害虫等

参见第 35 页的处理方法。因为机油乳剂对刚萌芽的嫩枝叶会产生药害，所以应在 2 月底前进行喷洒。

为防止机油乳剂产生药害，注意不要和另外的杀虫、杀菌剂混用，对喷洒过机油乳剂的器具（手动喷雾装置和喷雾器等）要进行认真细致的刷洗。

🔲 春肥（基肥）

适期：3 月、11 月

施基肥，以备春天发芽所需养分。所施春肥中，不仅要有三大要素的氮、磷、钾肥，还要施必要的微量元素且有一定程度的持续效果。为使施入的肥料能改善土壤的物理性状（疏松程度），一般推荐使用有机肥料。

在下表中，列出了容易买到并且味小的油渣的用量，根据培育的柑橘种类、栽培区域的气候及土壤性质等条件的不同，所施肥料及其用量也有很大的差异，所以要根据植株生长发育的状态进行调节。例如，又粗又长的枝（徒长枝）发

生多时，就要少施肥；反之，如果发出的枝又细又短，就要多施肥。

油渣，有骨粉和鱼粉等，若混入其他有机肥料会更好。其成品形态，可以是粉末，也可以是固体。

不同栽培方式下的春肥施用量（施油渣①）

	花盆和树的大小		施肥量②
盆栽	花盆的大小（号数③）	8 号	60 克
		10 号	90 克
		15 号	180 克
庭院栽培	树冠直径④	不足 1 米	240 克
		2 米	960 克
		4 米	4000 克

① 如果有其他有机肥料掺入会更好。

② 一般一把 30 克，一捏 3 克。

③ 8 号盆直径为 24 厘米，10 号盆直径为 30 厘米，15 号盆直径为 45 厘米。

④ 参见第 88 页。

盆栽的，把肥料均匀地撒到土壤表面即可。庭院栽培的，应把肥料先均匀地施到树冠直径（参见第 88 页）的范围内，然后轻轻地将土和肥料充分混匀，这样能提高肥料的吸收效率，也会防止乌鸦等啄食。

本月的主要工作

基本 采收

基本 换盆

基本 庭院移栽

基本 修剪

挑战 播种

---

3 月的柑橘类

过了春分，白天的时间一天比一天长，气温也开始上升。3 月里很重要的工作之一就是修剪，因为有的果树从 3 月下旬左右就开始发芽了。另外，应该在生长发育的停止期进行的栽植、换盆等工作，要尽早地做好。这个时期，清见和河内晚柑等迎来了采收适期，多数的中晚熟柑橘也能上市了。

在 3 月采收的柑橘类
白金柚（参见第 17 页），完全成熟的果实酸味少、口感良好。在日本的温暖地区可以采用盆栽。

主要的工作

基本 采收

酸味脱去后再采收

参见第 68~70 页。

基本 换盆

如果栽到花盆内就不管了，是绝对不行的！

如果不换盆，就会使根塞满花盆，植株也会逐渐变弱。无论出现哪一种暗号（参见右页的"专栏"），都要进行换盆（参见第 40~41 页）。

基本 庭院移栽

先进行土壤改良，再进行栽植

适期栽植，根不容易受伤。在天气转暖的 3 月上旬~4 月上旬，对栽植场所的土壤酸碱度和物理性状（疏松度）先进行改良之后再栽植（参见第 42~43 页）。

基本 修剪

每年必须进行

因为经过修剪，树就变得更紧凑，采收等工作也更容易进行。另外，因为老枝上已难以结果，应把老枝剪掉，使其发出新枝，以确保产量。修剪适期为枝叶和根生长发育缓慢的时候，即在天气转暖的 3 月上旬~4 月上旬。如果在

本月的管理

☀ 放在日照好的室外

💧 盆栽：盆土表面干燥时就要浇充足的水
庭院栽培：不需要浇水

🔲 不需要施肥

🔵 防除越冬的病虫害

枝叶生长发育旺盛的时期剪枝，伤口难以止住，枝容易干枯；如果在寒冷的时期剪枝，植株的耐寒性就会减弱（参见第44~49页）。

挑战 **播种**

取果实中的种子进行播种

参见第85页。

┄┄┄┄┄┄┄┄┄┄┄┄ 专栏

盆栽时换盆的暗号

下列3种情况中，如果符合其中的一种，就要进行换盆。

❶ **刚买来的苗木**
买来的小盆苗和小的盆栽树，因为没有根伸展的空间，所以需要换到大的花盆中进行培育。

❷ **根从盆底下钻出来了**
根在花盆内长得满满的，引起堵塞的可能性很大。

❸ **水很难渗下去**
浇水时，水在1分钟之后渗不下去，说明根挤满花盆导致堵塞的可能性很大。

管理

🪣 盆栽

☀ 放置场所：**放在日照好的室外等场所**

日光能很好地照射到。要注意防御晚霜冻害。

💧 浇水：**盆土表面干燥时就要浇水**

浇充足的水，直到水从盆底流出时为止。大概每3天浇1次。

🔲 肥料：**不需要**

🌿 庭院栽培

💧 浇水：**不需要**

🔲 肥料：**不需要**

🪣🌿 病虫害的防治

介壳虫类和溃疡病

介壳虫类的具体内容参见第63页，溃疡病的具体内容可参见第55页。

在柠檬的果实上发生的溃疡病。

情形1 要换比现在的花盆还大的盆（换大号的盆）

想培育的植株比现在的植株大时，就选比现在的花盆大一圈儿的花盆，将植株换栽到大花盆内。

准备用土

市场上卖的"果树、花木用的培养土"最合适（左）。如果没有，可将7份"蔬菜用的培养土"与3份沼泽土（小粒）混合掺匀后再用。

把根轻轻地松开

把植株从花盆中取出，并将根轻轻地弄松散。如果有很粗的根，将其剪断可促发新根（右上）。在这过程中，若发现金龟甲类的幼虫，必须除掉。

向新花盆里装培养土

先在盆底铺上3厘米左右厚的碎石（右上），再把①的培养土填入少量，放上植株后调整用土的高度。

放入植株

把植株放到花盆正中间，填土，把根埋住。确保蓄水的深度（盛水的空间）达3厘米左右。

嫁接的部位要露出土层

如果嫁接的部位（瘤状的部位）被土盖住，就会从接穗上发出新根，使植株的结实性变差，所以要注意。

浇充足的水

根据需要立上支柱，进行修剪。浇入充足的水后，就完成换盆工作了。

情形 2 用同一个花盆进行换盆

　　情形 1 的换盆进行数次以后，花盆就达到了 10 号以上，考虑到空间的问题，不想再用大号花盆时，可以把根适当地用锯切断，在原来的花盆中放入新的培养土，留出空间，再放下植株。换盆后，如果又出现第 39 页的❷或❸的情况，再用同样的方法换盆。一般 1~3 年进行 1 次换盆。

切断根

把植株从盆中取出

如果根挤满盆，就很难取出。先把从盆底下钻出的根切断，一边轻轻敲打花盆，一边向外拔植株即可。

切断底部的根

把靠近盆底部分的根用锯切掉，植株的长势不会减弱。

把侧面的根也切掉

将植株立起来，把根钵的侧面切去 3 厘米左右。操作时可将植株转动着切。

原花盆

向盆内装培养土

在原花盆内装入新的碎石和培养土（参见第 40 页①），按第 40 页③~⑤的步骤再将植株栽回到盆内。

浇入充足的水

根据需要立上支柱，进行修剪，浇入充足的水后，就完成换盆工作了。

1. 栽植穴的准备和土壤改良

在栽植前的1~2个月，对庭院和大田土壤的物理性（疏松度）和化学性（酸碱度等）进行改良。

土的挖出和有机物的混入（物理性的改善）

庭院栽培时苗木所用穴的大小，并不是把苗木的根刚放进去即可，而是把今后根能扩展到的范围的土挖出后把土块砸碎，弄松软后回填，以利于枝、叶的生长发育。栽植穴应又广又深，最低也要确保直径达到70厘米，深度在50厘米以上。向挖出的土中混入腐叶土和堆肥等有机物1袋（16~18升），使土壤更疏松，从而提高其排水性能。

挖直径为70厘米、深50厘米的穴，如果土壤的酸碱度需要调整（参见下面的专栏），请在栽植前1~2个月进行。

直径70cm

NP-M.Fukuoka

向挖出的土中掺入腐叶土等并掺混均匀。有的资料中会将腐叶土、复合肥和溶磷菌等一起掺入。这样做除了有可能伤根外，还有可能造成枝的徒长，所以在本书中并没有掺混复合肥和溶磷菌。

NP-M.Fukuoka

专栏

酸碱度的调整 挑战

适期: 栽植前1~2个月

柑橘类植物喜欢弱酸性的土壤（pH为5.5~6.0）。日本的土壤虽然多数处在这个范围内，但也有不适合的地域。在这些地域栽培时，即使施肥和浇水很适中，叶色也会慢慢变薄，结实性也会变差。为了慎重起见，栽植前应对庭院和大田土壤的酸碱度进行测定。有机物的混入和栽植可同时进行，但是酸碱度的调整要在栽植前1~2个月进行，以使土质变稳定。

进行酸碱度测定时，利用市场上卖的成套工具（土壤专用酸度计）很方便。

M.Miwa

要想提高pH（接近碱性），可向土中掺混石灰等；要想降低pH（接近酸性），可向土中掺混硫黄粉末等。

M.Miwa

2. 栽植的顺序

栽植之前先进行土壤改良

如果需要调整土壤酸碱度就要在栽植前的1~2个月进行。挖好栽植穴，在土壤中混入有机肥。

把根轻轻地松开

把苗木的根轻轻地松开，将粗根剪短，促使其发出新根，有利于后期的生长发育。

在根上埋土

先向栽植穴内填回少量的土，调整苗木的高度，把苗木放好并且埋土。要注意，不要把嫁接部（图中手指所指部分）埋住。

50厘米左右

把枝剪短

只有一根枝的棒状苗木，可从植株基部向上30~50厘米处剪短。如果有分枝的苗木，把长枝剪短即可。

用支柱进行固定

立上支柱，用细绳等把枝固定。细绳以8字形进行固定，枝不容易错位，细绳也不易勒入枝内。

浇入充足的水

浇入充足的水，即完成栽植工作。对以后发出的枝要做好修剪工作（参见第86~87页）。

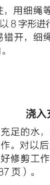

基本 **修剪**　　适期: 3月~4月上旬

修剪工作可以分为 3 个步骤

　　修剪是需要有经验的工作，初次操作时，若从以下 3 个步骤来考虑，会更容易理解。在不知从何处下手才好时，就先从步骤 1 开始做吧。

步骤 1 ▶ 第 **45** 页

抑制树的扩展

　　首先把理想的树形想象成蓝色点线以内的部分，从此线超出的枝条，在枝分杈部的上面进行剪切。把树高降低是重要的修剪方法。

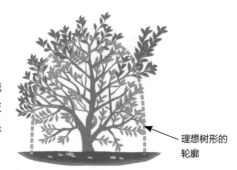

理想树形的轮廓

步骤 2 ▶ 第 **46~47** 页

疏掉不需要的枝

　　在树基部的徒长枝、枯枝、混杂拥挤的枝等，要疏掉，使枝叶达到能稍微接触的程度即可。枝的疏除量，一般为总量的 10%~30%。

从基部疏掉那些徒长枝等不需要的枝

步骤 3 ▶ 第 **48~49** 页

把留下枝的顶端剪短

　　最后，把步骤 1、2 中留下枝的顶端剪短，促使其发出健壮的枝。但如果把所有枝的顶端都剪短，第 2 年的采收量会大幅度地减少，所以要注意。

把留下枝的顶端剪短

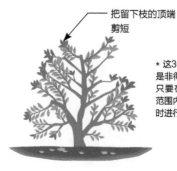

＊ 这3个步骤也并不是非得按顺序进行，只要在手能够到的范围内，3个步骤同时进行也可。

抑制树的扩展

要把大树的树高降下来，就应在脑海中形成蓝点线以内那样的树形轮廓（参见第 44 页）。超出这个范围的，用锯等工具在枝分杈部分的上面进行剪切，整理出外周的轮廓。要想使幼树长成大树，不需要大幅度剪切，只是整整形就可以。

1 年内不要过分剪切

突然一次性大量地剪切，使树高降低得太多，会导致从春天到夏天发出大量的又粗又长的枝而过分地消耗养分，造成连续几年结实不好的状态。在 1 年内剪切的主干长度控制在 50 厘米以内是基本的原则。由于长时间没有修剪而长高的大树，应分 5 年进行，以逐渐降低树的高度。

在正确的位置进行剪切

在右图中 A 处剪切，若切口不能很好地愈合，则剪切留下的部分向里干枯有可能伤到主干。C 处是分枝圈所在的重要部位，如果在 C 处剪切，切口愈合不好，也会向里干枯伤到主干。所以在 B 处进行剪切最为合适。

在枝分杈部的上面进行剪切

在步骤 1 中想象的剪切的位置。

在步骤 1 中想象的剪切的位置。

第 1 年剪切
第 2~3 年剪切
第 4~5 年剪切

想要紧凑型树形，就需要分几年进行修剪。

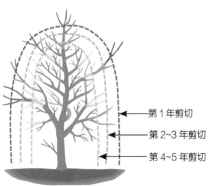

分枝圈
与粗枝基部接触的部分，多有一些波纹，即分枝圈，从这里萌发成枝的叶芽正处于休眠状态。因为养分丰富，剪切时若保留这个部位，有利于伤口愈合。

乍一看，在 C 处剪切是最好的，但是在 B 处剪切，保留了分枝圈留下切口更容易愈合。

疏掉不需要的枝

经过步骤1把树体外周的轮廓整理好之后，接下来就是把内侧不需要的枝疏掉，即步骤2。剪切时都要从基部进行，这个剪切要点是很重要的。在步骤1和2中应剪切掉枝条总量的10%~30%。

所谓不需要的枝

把如右图所示的枝优先疏掉。特别是徒长枝和混杂拥挤的枝要最先疏掉。另外，夏枝和秋枝也要尽量疏掉（参见第47页）。

但是，如果把这些不需要的枝全部剪切掉，就不能确保枝的数量，会使树势变弱，有时反而会发生大量的徒长枝。所以，先疏掉应优先被剪切的枝。

根据树的生长发育情况来调节疏枝量

如果是生长发育状况很好且枝条量很多的树，经过步骤1和2，可疏掉总枝量的30%左右。若枝条的发生量少且弱，可疏掉10%左右。在实际操作过程中，应根据树的生长发育情况来调整疏枝量。

NP-M.Fukuoka

图示为在步骤2中的剪切位置。

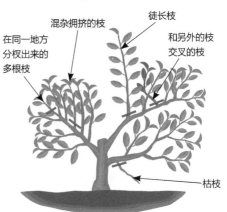

混杂拥挤的枝

徒长枝

和另外的枝交叉的枝

在同一地方分枝出来的多根枝

枯枝

图示为不需要的枝。

M.Miwa

除了要疏掉10%~30%的枝条量外，还要遵循疏枝的另一原则，即枝叶可达轻微地互相接触的程度。

区分春枝、夏枝、秋枝的要点

因为在夏枝和秋枝上难以结实，所以最理想的是在夏天和秋天就将发生的枝剪切掉（参见第58页）。如果将其忘记了剪切而留下来了，在步骤2中要优先疏掉，或者在步骤3中将其剪。但是，在修剪时需要有区分春枝、夏枝、秋枝的经验，可以参考柑橘潜叶蛾的为害状（参见第59页）、枝的横断面的形状，以及枝的长度。

柑橘潜叶蛾，在春枝刚开始伸展的4月就发生为害的情况很少，但是在夏枝和秋枝上有很多（图A）。对有柑橘潜叶蛾发生的枝，在修剪时优先剪切到其开始伸展的部分。

夏枝伸展的时期因为正值高温，所以容易徒长（图B），即使不徒长，养分也不足，其断面多呈三角形（图C）。而秋枝在气温低的时期伸展，一般长得都很短（7厘米左右）。另外，夏枝和秋枝在庭院栽培中容易发生，但是在盆栽中很少发生，一点儿也不发生的情况也有。

在步骤2和3中，疏掉夏枝和秋枝，或者把其剪短，从春枝上会发生有叶花（参见第51页），就能采收到品质好、产量高的果实。所以一定要掌握区分春枝、夏枝、秋枝的方法。

把夏枝全部剪短

把全部的秋枝和一半的夏枝剪短

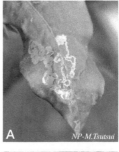

NP-M.Tsutsui

柑橘潜叶蛾是在春枝的叶变硬的5月下旬前后开始发生，所以对春枝的为害很少。

NP-M.Fukuoka

针对夏枝，把徒长的枝从基部进行剪切。

C

M.Miwa

左：切口断面呈圆形的春枝
右：切口断面呈三角形的夏枝

把留下枝的顶端剪短

最后，为了促使嫩枝的发生，对步骤 1 和 2 中留下的一部分枝的顶端进行剪短。如果把所有枝的顶端都剪短，采收量会减少。根据枝的长度和枝的种类确认需要剪短的枝和不需要剪短的枝是很重要的。

不能把所有枝的顶端都进行剪短

柑橘类中的多数是为了在下一季节开花而在 1~2 月形成花芽。但花芽有在枝的顶端形成的倾向，如果在 3~4 月修剪时把所有枝的顶端都剪短，花芽被剪掉了，会造成采收量的减少（右图）。因此，就只对 25 厘米以上的长枝进行剪短。因为保留了短枝的花芽，所以能够确保采收量。

如果能够区别第 47 页中的春枝、夏枝、秋枝，就不用根据枝的长短来判断，只对夏枝和秋枝进行剪切。

顶端芽的朝向

对枝进行剪短的时候，要注意顶端芽的朝向。因为向上的芽（内芽）如果成为顶端，以后发生的枝容易徒长，所以要在使向下或者是横向的芽（外芽）成为顶端的位置处进行剪切。

在步骤 3 中剪切的位置

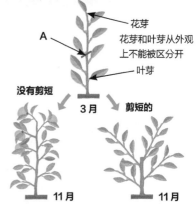

花芽
花芽和叶芽从外观上不能被区分开

叶芽

没有剪短　3月　剪短的

11月　　11月

因为花芽主要着生在春枝和夏枝的顶端附近，如果把所有的枝按上图中 A 的位置进行剪短，采收量就会减少。但是，在春枝的基部附近也有的着生着花芽。

从向上的芽（内芽）上伸展的枝，容易徒长。

从向下、横向的芽（外芽）上伸展的枝，适中长度的枝容易伸展。

在顶端外芽的位置处进行剪切。

修剪前和修剪后

修剪前的盆栽柠檬。树的生长势（树势）和枝的发生量一般，但是树的高度在继续增高。

修剪后的盆栽柠檬。通过步骤1、2、3，剪掉了20%左右的枝。比图中所示树势强的剪掉30%左右，比其树势弱的剪掉10%左右。

修剪后的处理

❶ 剪掉刺

在柚和柠檬等树上有大的刺（参见第9页），除了对人有危险之外，还容易对果实和叶造成伤害。而剪掉这些刺对植株的生长发育也几乎没有影响，所以一旦发现，就立即剪掉。

❷ 用绳将向上的枝向下拉拽

向上伸展的枝容易徒长，除打乱树形外，还几乎不结实。可从地面上打的桩或花盆的边缘等固定好细绳，将枝向下拉拽，使其斜向或横向生长。

❸ 涂抹愈合促进剂

剪切后切口干枯，若有病原菌入侵，植株的生长发育就会变差，所以可涂抹愈合促进剂。即使是小的伤口，也可以涂抹，不过直径1厘米以上的切口必须涂抹。

刺的大小和密度因植株的种类和品种而异，但都是在幼树上有大的刺多发的倾向。

为使将来的骨干枝不要直立地向上生长，应尽量地在幼树时就用绳从下面将其向下拉拽。

因为愈合促进剂很容易买到，所以在修剪时要常备，不要忘记涂抹。

April

4月

基本 基本的农事工作

挑战 中、高级的尝试工作

本月的主要工作

基本 采收

基本 换盆与庭院移栽

基本 修剪

挑战 播种

挑战 嫁接

4 月的柑橘类

清洁明净的春天，越冬后的枝顶端开始萌芽并伸展，这些枝叫作春枝。此时，在春枝的顶端形成的花蕾就能够确认了。在春枝上，叶和花都着生的叫有叶花，只着生花的叫无叶花（参见第 51 页）。一般有叶花结出的果实好、品质高。因此如果无叶花过多，表明其生长发育方面就有问题了，所以放置场所和施肥等就要重新考虑。

在 4 月采收的柑橘类
南津海（参见第 11 页），果皮易剥汁又多。

主要的工作

基本 **采收**

酸味脱去后再采收

参见第 68~69 页。

基本 **换盆与庭院移栽**

在 4 月上旬就要完成

参见第 40~43 页。

基本 **修剪**

尽量地早一点儿完成

如果在 3 月还没有完成修剪工作，就应尽量地在萌芽前完成（参见第 44~49 页）。如果在寒冷地区萌芽会较晚，所以修剪的适期主要在 4 月。

在 4~7 月迎来采收的柑橘类，会在修剪适期的 3 月上旬~4 月上旬结实。但是，不管有无果实，在修剪适期就应当把剪去的枝剪掉。如果剪下的枝上带着果实，就把可以采收的果实贮存在室内（参见第 71 页），尝一尝确认一下，如果酸味脱去了，就可以吃了。

挑战 **播种**

取果实中的种子进行播种

参见第 85 页。

本月的管理

❄ 放在日照好的室外

🌊 盆栽：盆土表面干燥时要浇充足的水
庭院栽培：不需要浇水

❂ 不需要施肥

✦ 对叶背面的病虫害要认真检查

管理

🥛 盆栽

❄ **放置场所：放在日照好的室外**

能很好地受到日光照射。如果预报有晚霜发生，就事先采取措施。

🌊 **浇水：盆土表面干燥时就要浇水**

浇充足的水，直到水从盆底流出时为止。大体上每2天浇1次。

❂ **肥料：不需要**

🏠 庭院栽培

🌊 **浇水：不需要**

❂ **肥料：不需要**

病虫害的防治

蚜虫类

因为在叶上原先发生过的蚜虫类易复发，所以一旦发现，就应立即捕杀。

在叶表面即使没发现，在叶背面有时也会有很多，所以要把叶翻过来认真检查。多发时就要考虑喷洒杀虫剂。

疮痂病

在枝叶（全年）和果实（采收前后的8~12月）上多发生一些瘤状或者痂状凸起，这就有可能是疮痂病。为了预防该病的发生，就需要在4月喷洒杀菌剂（碱式氯化铜等）一般会很有效果。

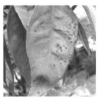

果实（左）和叶（右）上发生的疮痂病。

专栏

认真观察一下有叶花和无叶花

在当年伸展的枝上，有叶和花的叫有叶花，没有叶只有花的叫无叶花。无叶花会由于越冬时的寒冷、低日照、肥料不足等原因而有所增加。

有叶花（左）和无叶花（右）。

在操作之前应该掌握的基本知识

柑橘类，通过种子繁殖的个体会有与亲本不同的性质，有的容易长成大树，所以一般通过嫁接来培育新的苗木。

另外，对于已经育成的柑橘类植株，通过嫁接可以收获不同的果实。如把剪下的柠檬枝嫁接到柚树上，可以采收到柚和柠檬这两种果实。人们把这种嫁接方法叫作高接（右上的插图）。高接苗木的培育方法，与普通嫁接苗木基本相同。

嫁接虽说有各种各样的方法，但在本书中介绍的是即使是初学者也容易做到的切接法。

柠檬　　　　　柚

从这根枝上能采收到柠檬

如果实行高接的话，在一棵树上能欣赏到几种不同的柑橘类。

砧木的准备

培育苗木前，要先撒上种子培育出砧木（参见第85页）。从播种到嫁接育成苗木，需要1~2年的时间，播种也相应地有必要提前进行。

2年生的枸橘，作为砧木利用得较多。

接穗和砧木

砧木

接穗

砧木

接穗

嫁接时，作为嫁接方的枝叫作接穗，被嫁接方叫作砧木。

接穗的准备

将接穗在萌芽前3月上旬前后切成20厘米的长度，并切去叶，放入塑料袋内，在嫁接适期之前保存在冷藏库内与冷藏蔬菜的条件一致。

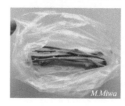

嫁接（切接）的顺序

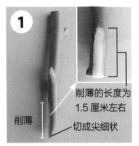

削薄的长度为
1.5 厘米左右

削薄

切成尖细状

制造接穗

把接穗剪短，留下2个芽，将一面（和砧木相接触的这一面）削薄，其长度为1.5厘米左右，另一面的顶端削成尖细状。

把砧木剪短

在砧木易嫁接的位置进行剪切，一般是从植株基部向上5厘米左右。高接时尽量地选靠近植株基部的枝。

形成层

把砧木的顶端切开

把剪短的砧木的顶端切开，剖面为1.5厘米左右。平着切下去即可，切下后可清晰地看到形成层。

把砧木和接穗接合好

如果接触面间留有缝隙，一定是失败的。要确保正好完全紧密地接触。

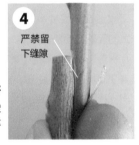

严禁留
下缝隙

把砧木和接穗固定住

两者完全紧密地接触后，把嫁接的部分用专用的嫁接胶布或配线用的乙烯树脂胶带紧紧地固定住。

罩上聚酯塑料袋

为了防止干燥，在苗木外面罩上小的聚酯塑料袋并固定住。萌芽后，枝叶似乎要接触到袋子时，再将袋子除去。

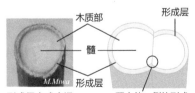

专栏

确保嫁接成功的两个要点

❶ 切口切忌干燥

嫁接时动作要快，不能让接穗和砧木的切口干燥。

❷ 形成层应完全吻合

使接穗和砧木的形成层吻合好，即使只是一侧也行。要紧密地对准，使两者接触好。

木质部

形成层

髓

形成层

M.Miwa

形成层变成半透明的暗黄色

至少使一侧的形成层吻合好

基本 基本的农事工作

挑战 中、高级的尝试工作

5 月的柑橘类

立夏过后，从年历上来说就是夏天开始了，柑橘类基本上都开花了。采收适期根据种类不同虽然有比较大的差别，但是开花时期除金橘外，几乎全部都集中在这个时期。如果培育了多种柑橘类的话，由于种类不同，花蕾的颜色和香味也不同，所以相互比较一下也是一件令人很高兴的事。夏橙的多数品种和日向夏等中晚熟柑橘将迎来采收适期。

在 5 月采收的柑橘类
甘夏（参见第 19 页），也称为川野夏橙，是夏橙的突变种。

主要的工作

基本 **采收**

酸味脱去后再采收

参见第 68~70 页。

挑战 **人工授粉**

只是在每年结实不好的情况下实行

适期：5 月、7 月等

因为昆虫和风等会替我们授粉，所以人工授粉是基本上不需要的。但是，如果每年都结实不好，并且是由于授粉失败导致的，那就用毛笔等在同一朵花中的雄蕊和雌蕊上交互地涂抹，可提高授粉率。

关于必需授粉树的柑橘类（参见第 82 页），因为不同品种间的授粉是必需的，所以可用纸杯子等把花粉收集后，再以移动的方式对树进行授粉，也是很方便的。

因为柑橘类是一朵花中同时有雄蕊和雌蕊的两性花，所以容易授粉。

本月的管理

❄ 放在日照好的室外

💧 盆栽：盆土表面干燥时要浇充足的水
庭院栽培：不需要浇水

🍱 不需要施肥

🎲 在病虫害多发之前进行预防

管理

🚿 盆栽

❄ **放置场所：放在日照好的室外**
确保日光能很好地照射到。

💧 **浇水：盆土表面干燥时就要浇水**
浇充足的水，直到水从盆底流出时为止。基本上每2天浇1次。

🍱 **肥料：不需要**

🏠 庭院栽培

💧 **浇水：不需要**

🍱 **肥料：不需要**

🚿🏠 病虫害的防治

溃疡病

在枝叶（全年）和果实（采收前后）上发生木栓状的斑点。如果人工处理不了的话，在3月和5月分2次喷洒杀菌剂（碱式氯化铜等），对该病的预防效果很好。

在发病初期，把感染的部位除去，是无农药防治的第一步。

灰霉病

因为多数只是发生在果实的表面，在庭院栽培中不怎么特别需要采用药剂防治。如果介意的话，把开花后的花瓣用手摘除。

开花后褐变的花瓣，在结果后不久就在果实上产生了霉层。

椿象类

参见第65页。

專欄

认真观察
完全花和不完全花

在花的中央有雌蕊的花叫完全花，没有雌蕊的花叫不完全花。不完全花和无叶花（参见第51页）一样，在树的生长发育不好的情况下发生的机会多，这也成为生长发育状况的指针，所以要认真观察，发挥管理工作的作用。

把花瓣和雄蕊摘除后的完全花（左）和不完全花（右）。

M.Miwa

6月的柑橘类

过了夏至，随着气温的上升，果实也开始膨大。由于6月因授粉、授精的失败和果实间养分竞争而出现6月落果（June drop），这些小果实掉落的自然现象虽然能看到，但如果不是大量的话就没有问题。此时，椪柚和黄柚等中晚熟柑橘将迎来采收适期。这些柑橘类从开花起，经过13个月的时间，所结果实都挂在树上。

在6月采收的柑橘类

椪柚（参见第16页），是八朔柑和平户柚的杂交种，兼有两种亲本的风味。

主要的工作

基本 **采收**

酸味脱去后再采收

参见第68~70页。

挑战 **疏夏枝**

把此时发出的嫩枝从基部剪切掉

参见第58页。

管理

盆栽

放置场所：放在日照好的室外

确保日光能很好地照射到。

浇水：盆土表面干燥时就要浇水

浇充足的水，直到水从盆底流出时为止。基本上每2天浇1次。

肥料：施夏肥

参见第57页。

庭院栽培

浇水：不需要

肥料：施夏肥

参见第57页。

病虫害的防治

天牛类

成虫在6~9月发生并产卵，所以

本月的管理

❄ 放在日照好的室外

💧 盆栽：盆土表面干燥时要浇充足的水
　　庭院栽培：不需要浇水

▦ 都需要施肥

🐛 要注意多种多样的病虫害

1月

2月

3月

一旦发现，立即捕杀。另外，天牛类还会在粗的枝上钻孔洞，如果发现此处有木屑时，证明里面有幼虫，就将铁丝插进去弄死幼虫，或者向里面注入杀虫剂（如氯菊酯等）。

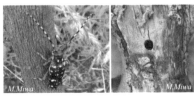

黑点病、轴腐病

在果实和叶上出现小的黑点。在病原菌侵染的 5~9 月，把盆栽的柑橘类尽量地放到屋檐下等雨淋不着的地方。采用药剂预防时，可在 6 月和 7 月喷洒代森锰等杀菌剂。

果实在生长发育过程中发生的黑点病（左）和在贮存时发生的轴腐病（右），两者的病原菌相同。

回青

11~12 月着了色的果实在树上越冬到第 2 年 3~7 月时再采收，在 3 月以后随着气温的上升，果皮又会回到绿色。详情可参见第 80 页。

受日光照射好的部位的果皮更容易变回绿色。

▦ 夏肥（追肥1）

适期:6月上旬

在春肥被分解利用的肥力效果变弱的 6 月再追施肥料。夏肥施上后，如果想立即得到效果，可以选择复合肥。在下表中记载了复合肥的大体施用量，具体还要根据植株的生长发育状态来调节肥料的种类和施用量。

不同栽培方式下的夏肥（复合肥①）的施用量

	花盆和树的大小		施肥量②
盆栽	花盆的大小（号数③）	8号	9 克
		10号	14 克
		15号	28 克
庭院栽培	树冠直径④	不足1米	35 克
		2 米	140 克
		4 米	500 克

① 复合肥中氮、磷、钾的含量均为8%。
② 一把30克，一捏3克。
③ 8号盆直径为24厘米，10号盆直径为30厘米，15号盆直径为45厘米。
④ 参见第88页。

4月

5月

6月

7月

8月

9月

10月

11月

12月

57

本月的主要工作

基本 采收

基本 疏果

挑战 人工授粉

挑战 疏夏枝

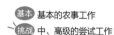

基本 基本的农事工作

挑战 中、高级的尝试工作

---

7 月的柑橘类

出了梅雨季节，迎来大暑后，落果基本停止，也就到了疏果的适期。因为疏果和修剪一样都是很重要的工作，所以必须进行。随着气温的上升，能看到有夏枝发出，但是与春枝比起来，夏枝着花性也不好，还有徒长的倾向，所以应尽量地将其从基部疏掉。如果这一段时间不下雨，即使是庭院栽培，浇水也是不可缺少的。7 月，坚持到最后的中晚熟柑橘如巴伦西亚橙也迎来了采收适期。

在 7 月采收的柑橘类
巴伦西亚橙（参见第 12 页），是最后迎来采收适期的中晚熟柑橘。和脐橙不同，它的果顶部（脐）不凸出。

主要的工作

基本 采收

酸味脱去后再采收

参见第 68~70 页。

基本 疏果

疏果实

参见第 60~61 页。

挑战 人工授粉

只是在每年结实不好的情况下实行

适期：5 月、7 月等

在 7 月开花的金橘和四季开花性强的柠檬等，若出现结实不好，就应进行人工授粉（参见第 54 页）。

挑战 疏夏枝

把夏枝从基部剪切掉

适期：6~8 月

在 6~8 月发生的夏枝容易发生徒长，即使留下，第 2 年也难以结实，还有可能弄乱树形，所以要从基部将其剪切掉。

若要等夏枝长成再修剪，会难以和春枝区分开，不便于操作。所以要在夏枝发出时，就用剪刀剪掉或用手摘掉。

把发出的夏枝摘掉。

夏枝

春枝

本月的管理

❄ 放在日照好的室外

💧 盆栽：盆土表面干燥时要浇充足的水
庭院栽培：如果不降雨，就要浇水

🧪 都不需要施肥

🐛 在病虫害多发之前进行预防

管理

🪴 盆栽

❄ 放置场所：**放在日照好的室外**

确保日光能很好地照射到。

💧 浇水：**盆土表面干燥时就要浇水**

浇充足的水，直到水从盆底流出时为止。基本上每天都要浇水。

🧪 肥料：**不需要**

🏡 庭院栽培

💧 浇水：**不降雨的话就要浇水**

如果2周左右不降雨，就要浇充足的水。

🧪 肥料：**不需要**

🪴🏡 病虫害的防治

凤蝶类的幼虫

因为凤蝶类的幼虫取食为害叶，所以一旦发现，应立即捕杀。

图示为凤蝶的老龄幼虫，从春天到秋天可发生3~5次。

M.Miwa

柑橘潜叶蛾的幼虫

别名画像虫，主要在夏枝和秋枝上发生。因为这些枝上只要发生了虫害，基本上都被疏掉，所以不需要什么对策。如果介意影响美观，也担心从受害处易发生溃疡病，可喷洒杀虫剂（噻虫胺等）。

NP-T.Irie

因为幼虫经过6天左右就能变成成虫，所以即使摘除叶子也不能阻止其发生，防治的效果也很差。

蓟马类（细线条）

不到1毫米的小成虫吸取果实和叶子上的汁液，被吸食的部分变成白色。如果发生量大，用人工处理不了的话，就喷洒杀虫剂（噻虫胺等）。

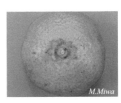

M.Miwa

果实和果梗之间被蓟马吸食为害，留下环状的痕迹。在6~9月必须注意。

介壳虫

参见第63页。

黑点病、轴腐病

参见第57页。

在操作之前需要提前掌握的基本知识

为什么要进行疏果

疏果就是把小的果实疏掉。柑橘类如果果实结得太多的话，第 2 年的采收量就会急剧减少（下图）。为了既能防止大小年交互出现的隔年结实现象，又能采收到又大又甜的果实，疏果是很重要的工作。觉得"太可惜了"不进行疏果的情况经常见到，但是每年必须进行疏果。

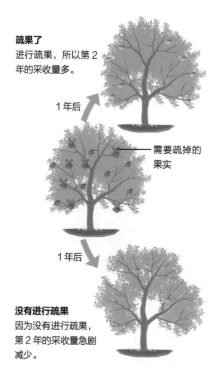

疏果了
进行疏果，所以第 2 年的采收量多。

1 年后

——需要疏掉的果实

1 年后

没有进行疏果
因为没有进行疏果，第 2 年的采收量急剧减少。

疏果的适期

在落果基本停止的 7 月下旬 ~9 月下旬就是疏果的适期。在庭院栽培中，像第 61 页讲到疏果的叶果比，在达到这个之前进行疏果也可以。

但是，温州蜜柑和濑户火等注重品质的柑橘类，7 月下旬 ~8 月中旬只是在混杂拥挤的部位轻微地疏果（粗疏果），再在 9 月一次性地疏果到理想的果实数（最后的疏果），便能采收到品质高的果实，这叫作后期重点疏果。

优先疏掉的果实

在疏果的时候，把小的果实（小果）、有伤的果实（伤果）优先疏掉。另外，温州蜜柑和濑户火这些注重品质的柑橘类，向上着生着很大的果实（特大果），生长发育太好反而容易长得不够细腻，也易发生日灼，所以在疏果适期内也要优先疏掉。

温州蜜柑在进行疏果时，把小果、伤果、特大果优先疏掉，只保留正常果。

疏果后应达到合适的叶果比

疏果时的大体参照是叶果比，即保证1个果实正常地生长发育、成熟所必需的叶片数，不同的柑橘种类和品种，有不同的叶果比。可参考右表来掌握树上留下的果实数量。

例如，果实是温州蜜柑大小的柠檬树，有200片叶，叶果比为25，把200片叶除以25后树上可保留8个果，树大的情况下从叶的容量来推测叶片数，从而决定每一根粗枝上要保留的果实数。

疏果时可参考的叶片数（叶果比）

果实的大小	种类、品种	平均1个果需要的叶片数
金橘的大小 （<20克/果）	金橘	8片
温州蜜柑的大小 （约130克/果）	温州蜜柑、柠檬、 花橙、扁实柑橘	25片
橙的大小 （约200克/果）	脐橙、八朔柑、伊予柑、日向夏、清见、 不知火、濑户火	80片
柚的大小 （>400克/果）	柚、狮子柚、 晚白柚、夏橙	100片

注：本数据来源于《果树园艺大百科1 柑橘》（农山渔村文化协会），以及《果树园艺大百科15 常绿特产果树》（农山渔村文化协会）。

疏果的顺序

把握叶片数

图示为疏果前的盆栽柠檬，树上有200片左右的叶，果实着生着21个。

把品质不好的果实疏掉

把小果、伤果优先疏掉。柠檬若有特大果，留下也可以，但是温州蜜柑等若有特大果，应尽可能疏掉。

尽量接近对应的叶果比

柠檬的叶果比是25，叶为200片，那么可保留的果实数为8个。

完成

疏果后，根据叶果比，疏掉13个果实，留下8个。得益于此，留下的果实膨大，隔年结实现象就不易出现。

疏掉的果实

基本 采收

基本 疏果

挑战 疏夏枝

基本 基本的农事工作

挑战 中、高级的尝试工作

---

8 月的柑橘类

立秋过后，从年历上来说是迎来了秋天，但是炎热的天气还在继续，光合作用还在旺盛地进行，柑橘类的果实也长到了乒乓球那样的大小，由于重力的作用，枝开始下垂。在这个时期，如果缺水，果实会萎缩，还可能造成落果，所以一定要注意。8 月，酸橘先于其他柑橘类迎来了采收期。

M.Miwa

在 8 月采收的柑橘类

酸橘（参见第 25 页），注重的是其香味，所以采收的是香味和酸味丰富的绿色的果实。若把果实留在树上直到 11 月会变成黄色，但是风味就降低了。

主要的工作

基本 采收

酸橘的采收

作为所有柑橘类采收的第一棒，在 8 月迎来其采收适期，可采收到乒乓球大小的绿色果实（参见第 68~70 页）。

基本 疏果

把叶果比作为疏果参照

参见第 60 页，把小的果实、带伤的果实疏掉。

挑战 疏夏枝

把夏枝从基部剪切掉

参见第 58 页，剪掉夏枝。

管理

盆栽

☀ 放置场所：**放在日照好的室外**

放在日光照射好的地方。若枝叶因为太热开始萎蔫，就把其移动到西晒日头照不到的地方。

💧 浇水：**盆土表面干燥时就要浇水**

浇充足的水，直到水从盆底流出时为止。基本上每天都要浇水。

✂ 肥料：**不需要**

本月的管理

* 放在日照好的室外
* 盆栽：盆土的表面干燥时要浇充足的水
  庭院栽培：如果不降雨，就要浇水
* 都不需要施肥
* 在病虫害多发之前进行预防

1月

2月

3月

4月

5月

6月

7月

8月

9月

10月

11月

12月

庭院栽培

浇水：不降雨的话就要浇水

　　如果 2 周左右没有降雨，就要浇充足的水。

肥料：不需要

病虫害的防治

喷洒机油乳剂

　　叶螨类、锈壁虱类和介壳虫类（参见第 63 页）多发时，就考虑喷洒机油乳剂。

夏天时喷洒的浓度要比冬天时低。

柑橘叶螨

　　叶汁液被吸食后，可看到全叶变白，这是其为害特征。在晴天时向叶片喷水进行冲洗，可防止一段时间内柑橘叶螨

因为成虫长 0.4 毫米左右或更小，用肉眼只能看到红的小点。

的发生。在 8 月喷洒机油乳剂和杀螨特有一定的防治效果。

柑橘锈壁虱

　　果实受害后，表面变成灰色或茶色并且很硬。在 8 月喷洒机油乳剂也有一定的防治效果。

成虫长 0.1 毫米左右，用肉眼确认非常困难。

介壳虫类

　　一旦发现，就用牙刷等将其擦掉。如果发生量大，在 7~8 月喷洒机油乳剂或杀虫剂（如马拉硫磷乳剂等），防治效果很好。

介壳虫类图示

附着在果实上的矢尖介的雌成虫（左上）和雄虫的茧（右上），以及红蜡介（左下）和褐软介（右下）。

63

9 月

基本 基本的农事工作

挑战 中、高级的尝试工作

---

9 月的柑橘类

秋分以后，白天开始变短，热天渐渐少了，虫害再次发生且变得猖獗起来，所以必须注意。9 月，果实糖分的蓄积量增加，而酸味在逐渐减少。所以到了 9 月下旬左右，一部分极早熟温州蜜柑就可采收了。为了不使药剂残留在果面上，规定有"在采收前 X 天就停用"的安全间隔期。临近采收的柑橘类，要严格遵守用小标签等记载的药剂使用时期。

ARS

在 9 月采收的柑橘类

瓯橘（参见第 6 页），比酸橘大一圈儿。到 12 月虽然能变成黄色，但是绿色的果实香味更强。

主要的工作

基本 **盆栽的换盆**

栽到盆里后放置不管是绝对不行的！

参见 40~41 页。

基本 **采收**

采收绿色的果实

瓯橘和极早熟的温州蜜柑等在 9 月就可采收了（参见第 68~70 页）。

基本 **疏果**

参照叶果比进行疏果

9 月是瓯橘最后的疏果适期。参见第 60 页，疏掉小的果实。

挑战 **疏秋枝**

把秋枝从基部剪掉

参见第 58 页的疏夏枝。

不同栽培方式下的初秋肥（复合肥①）的施用量

	花盆和树的大小		施肥量②
盆栽	花盆的大小（号数③）	8号	9克
		10号	14克
		15号	28克
庭院栽培	树冠直径④	不足1米	35克
		2米	140克
		4米	500克

① 复合肥中氮、磷、钾的含量均为8%。

② 一把30克，一捏3克。

③ 8号盆直径为24厘米，10号盆直径为30厘米，15号盆直径为45厘米。

④ 参见第88页。

管理

盆栽

☀ 放置场所：**放在日照好的室外**

能被日光很好地照射到。如果因为太热而导致枝叶萎蔫，就将其移动到西晒日头照不着的地方。

💧 浇水：**盆土表面干燥时就要浇水**

浇充足的水，直到水从盆底流出时为止。基本上每天都要浇水。

🔅 施肥：**施初秋肥**

参见第 65 页。

庭院栽培

💧 浇水：**没有降雨的话就要浇水**

如果 2 周左右没有降雨，就要浇充足的水。

🔅 施肥：**施初秋肥**

参见第 65 页。

病虫害的防治

蚜虫类、柑橘潜叶蛾、叶螨类、锈壁虱类

在秋枝柔软的叶片和果实上易再次发生蚜虫类（参见第 51 页）、柑橘潜叶蛾（参见第 59 页）、叶螨类和锈壁虱类（参见第 63 页），所以必须考虑好防治措施。

椿象类

除 5 月外，在 9~10 月还会发生，受害后的果皮褐变成斑点状，其中的果肉也有部分变色，味道下降。发生多的情况下，用市售的果实袋套在果实上，或是在 5 月、9 月喷洒噻虫胺等杀虫剂。

如果病虫害不好控制，可在果实上套袋。

煤污病

参见第 67 页。

贮存过程中发生的病害

参见第 67 页。

🔅 初秋肥（追肥2）

适期：9月上旬

可参考下表中初秋肥施肥量，推荐用速效性的复合肥。温州蜜柑，因为有的着色晚，也易发生浮皮，所以在这时期要控制施肥量。

10月

本月的主要工作

基本 换盆

基本 采收

基本 果实的贮存

10月的柑橘类

迎来寒露后的一早一晚，叶片被露水打湿，秋枝的发生就少了，病虫害的发生也趋于减少了。随着气温的下降，果实的成熟度增加，开始变黄色的柑橘类也增加了。扁实柑橘和酸橙等香酸柑橘类，再加上从下旬开始早熟的温州蜜柑将迎来采收期。从10月开始，能采收的柑橘类也在增加，采收季节就到来了。

在10月采收的柑橘类
温州蜜柑中的宫川早生（参见第10页），是有代表性的早熟品种，具有浓厚的味道。

主要的工作

基本 **盆栽的换盆**

栽到盆里后放置不管是绝对不行的

参见第40~41页。

基本 **采收**

采收绿色的果实

酸橙和早熟的温州蜜柑等，可采收了（参见第68~70页）。

基本 **果实的贮存**

可以长时间地品尝到果实

如果采收后的果实在1个月内吃不完，可调节合适的温度和湿度进行贮存（参见第71页）。

管理

盆栽

放置场所：**放在日照好的室外**

确保能被日光很好地照射到。

浇水：**盆土表面干燥时就要浇水**

浇充足的水，直到水从盆底流出时为止。基本上每2天浇1次。

施肥：**不需要**

庭院栽培

浇水：**不需要**

施肥：**不需要**

本月的管理

❄ 放在日照好的室外

💧 盆栽：盆土表面干燥时要浇充足的水
　　庭院栽培：不需要浇水

⚫ 都不需要施肥

🐛 在病虫害多发之前进行预防

1月
2月
3月
4月
5月
6月
7月
8月
9月
10月
11月
12月

病虫害的防治

煤污病

　　蚜虫类（参见第51页）和介壳虫类（参见第63页）的分泌物和排泄物附着在叶和果实等表面，生出霉层。煤污病发生的原因就是这些害虫造成的，把它们驱除掉就可以。

发病时，叶片表面变黑且很脏，但如果在初期便能抹掉。

专栏

水分应激反应和甜度

　　柑橘类在采收前稍微控制一下浇水，使根稍微地干旱一点儿（使其产生水分应激反应），能够采收到很甜的果实。据报道，温州蜜柑[1]在7月中旬~11月下旬、不知火[2]在8~9月、晴姬[3]在9~10月实施水分的应激反应，效果很好。

　　夏天在柑橘类的产地，有的在地面铺上白色的塑料布，使雨水进不到根的范围内，从而产生水分应激反应，主要目的是为了采收到甜的果实。

贮存过程中发生的病害

　　采收后的果实在贮存期间，有的果实腐烂出现像下图一样的症状。因为这些病原菌是在采收之前就感染的，如果发生很多的话，可在9~10月喷洒苯菌灵等杀菌剂。

青（绿）霉病　　　　　　轴腐病

缺水导致叶片萎蔫。

　　即使在庭院栽培中，也可以在7~11月稍微控制一下浇水，就能采收到甜的果实。但是，如果土壤太干燥，特别是盆栽，枝叶和果实会凋萎，树也会受到伤害。所以在栽培完全熟练之前，还是先浇充足的水进行培育吧。

①、③《园艺学研究》（岩崎等，2012年）。
②《园艺学研究》（岩崎等，2011年）。

在操作之前应提前掌握的基本知识

采收适期

虽然几乎所有的柑橘类都是在 5~7 月开花，但采收的适期因种类和品种的不同却有很大的差异，大体可分为以下 3 种类型。因为如果过于晚于采收适期才采收的话，容易发生成粒或浮皮的现象，所以要注意。

Ⅰ **采收绿色果实的类型**
（下表中的采收类型Ⅰ）

酸橘和瓯橘等柑橘类，因为是要利用其香味等，所以从开花经过 4~6 个月，便可采收酸味还没完全脱掉的绿色果实。酸味能脱去的早熟品种，极早熟温州蜜柑的一部分也属于这种类型。采收适期在 8~10 月。

柠檬和柚也可利用绿色的果实。

Ⅱ **完全着色之后再采收的类型**
（下表中的采收类型Ⅱ）

温州蜜柑和甜橘等柑橘类，因为随着果实的着色，酸味能适度地脱去，可完全着色之后再采收，采收适期为 11~12 月。

温州蜜柑只要着了色，就可以采收。

Ⅲ **等到酸味脱去之后再采收的类型**
（下表中的采收类型Ⅲ）

夏橙和柚等柑橘类，到 12 月末几乎都完全着色了，但是吃起来酸味很强也不好吃。可使其在树上原样待到第 2 年的 1~7 月，待酸味脱去后再采收。把这些归纳起来叫作中晚熟柑橘（中晚柑）。

夏橙，虽然 12 月已变成橙色，但在酸味脱去的第 2 年 5 月左右之前并不采收，所以叫作夏橙。

采收适期、采收类型、吃法

种类或品种	采收适期	采收类型（第68页）	吃法（第94页）	种类或品种	采收适期	采收类型（第68页）	吃法（第94页）
酸橘	8~10月	I	F	伊予柑	1~2月①	Ⅲ	C
甜橘	9~10月	I	F	安住	1~2月	Ⅲ	B、C
极早熟温州蜜柑	9月	I、Ⅱ	B、C	甜春	1~2月	Ⅲ	C、D
酸橙	10月	I	F	脐橙	1~2月	Ⅲ	D
扁实柑橘	10~12月	I、Ⅱ	F	春见	1~2月	Ⅲ	B、C
柚	10~12月	I、Ⅱ	F	玉见	1~2月	Ⅲ	B、C
花橙	10~12月	I、Ⅱ	F	春火	2~3月	Ⅲ	E
柠檬	10~12月	I、Ⅱ	F	不知火	2~3月	Ⅲ	B、C
早熟温州蜜柑	10~11月	Ⅱ	B、C	濑户火	2~3月	Ⅲ	D
橙	10~12月	Ⅱ	F	桶柑	2~3月	Ⅲ	B、C
中熟温州蜜柑、普通温州蜜柑	11月	Ⅱ	B、C	大立花橘	2~3月	Ⅲ	C
枸橘	11~12月	Ⅱ	F	血橙	2~3月	Ⅱ	D
日本立花橘	11~12月	Ⅱ	F	河内晚柑	2~4月	Ⅲ	B、C、D
晚熟温州蜜柑	12月	Ⅱ	B、C	再想吃	2~4月	Ⅲ	B、C
有明	12月	Ⅱ	D	黄柑	2~4月	Ⅲ	B、C、E
狮子柚	12月	Ⅱ	F	三宝柑	2~4月	Ⅱ	C
西南之光	12月	Ⅱ	B、C	葡萄柚	2~5月	Ⅱ	D
晴姬	12月	Ⅱ	B、C	津之香	3~4月	Ⅲ	B、C
香橼	12月	Ⅱ	F	米尼奥拉	3~4月	Ⅲ	B、C、D
红花	12月	Ⅱ	D	塞米诺尔	3~5月	Ⅲ	B、C、D
甜橘	12月	Ⅱ	B、C	夏橙、甘夏	3~5月	Ⅱ	C
纪州蜜柑	12月	Ⅱ	B、C	清见	4月	Ⅱ	D
枸橼	12月	Ⅱ	E、F	日向夏	4~5月	Ⅲ	E
香柠檬	12月	Ⅱ	F	南津海	4~5月	Ⅲ	B、C
金橘	12月~第2年3月	Ⅱ、Ⅲ	A	卡拉	4~5月	Ⅱ	B、C
天草	1月	Ⅲ	D	瓢柑	4~5月	Ⅲ	C、D
丽红	1月	Ⅲ	B、C	楔柚	5~6月	Ⅱ	C
八朔柑	1~2月	Ⅲ	C	黄柚	5~6月	Ⅲ	C
柚	1~2月	Ⅲ	C	夏新	6~7月	Ⅲ	B、C、D
晚白柚	1~2月	Ⅲ	C	巴伦西亚橙	6~7月	Ⅲ	D

注：在1~7月采收的柑橘类果实，在越冬时由于寒冷而损伤的情况下，在12月就采收，边贮存边脱着酸味也可。
① 贮存到3~4月使其脱去酸味即可。

采收的顺序

对果实的操作要慎重

迎来采收适期的果实，采收时要轻轻地握。若把果实强硬地拉到跟前，果皮和果肉间就会因脱离而受伤，贮存性降低，所以需要注意。

把果梗用剪刀剪掉

把果梗（果实的轴）用剪刀剪掉。在采收时要注意，剪刀的尖端不要碰到果实，最好是利用专门采收果的剪刀（参见第 84 页）。

再次剪一下果梗，使果梗短而整齐

若残留的果梗稍长，其尖端可戳到其他果实而产生新伤，所以在放入采收筐或袋之前要用剪刀重新剪一次（二次剪切）。

二次剪切的果实

二次剪切以后放到筐等容器内，即使摞起来也不会碰伤。如果是长时间贮存，请参见第 71 页。

专栏

要注意新创伤

　　刚采收的果实如果带着新伤（生伤），无论伤口多么小，在几天之中发霉（右图）的可能性会很大。要细心地注意不要碰出新伤。碰出新伤的果实就不要贮存了，吃掉就好。

因为新伤而发霉的果实。霉能分泌出毒素，所以最好不要食用，将发霉的果实扔到废弃物中。

基本 **果实的贮存**

适期：采收后紧接着

在操作前需提前掌握的基本知识

贮存的条件

采收的果实如果在 3 周左右能吃完，那放在室内凉爽的地方也没有问题。如果采收量多，到吃完需要 1 个月以上的时间，那就必须贮存。调节好合适的温度和湿度，达到适宜的贮存条件，可参照下面的顺序。

①　**把果实表面稍微晾干一下（予措）**

把果实表面稍微晾干一下，使果皮中的水分含量减少，就可大大减少贮存中的青（绿）霉病和轴腐病（参见第 57 页）、成粒和浮皮的发生率。

②　**放入塑料袋中**

因为理想的贮存湿度为85%~90%，

把果实摆放到报纸上，不要重叠，在室温下放置 2~10 天。

所以可放入塑料袋中进行保湿。比起把很多果实放入大的塑料袋中，单独用袋包装起来的效果更好，在贮存时更不易腐烂。

左：单个装。　右：把多个果实放入大的袋中。单个装是比较理想的。

③　**放入冷藏库中**

如果是在低温下贮存，虽然能长期保存，但是温度太低会使果皮受伤而变色。根据种类和品种的温度需要，可以变换在冷藏库内的保存场所。

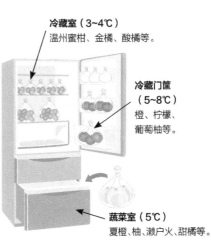

冷藏室（3~4℃）
温州蜜柑、金橘、酸橘等。

冷藏门篮（5~8℃）
橙、柠檬、葡萄柚等。

室内凉爽的地方（10℃）
桶柑等。

蔬菜室（5℃）
夏橙、柚、濑户火、甜橘等。

＊实际温度，根据冷藏库厂家的不同和设定的温度不同而有差异。

11月

本月的主要工作

基本 换盆

基本 采收

基本 果实的贮存

基本 防寒措施

基本 基本的农事工作
挑战 中、高级的尝试工作

11月的柑橘类

　　立冬节气一过，就像刮起了使树枝干枯的1号风一样，果实的膨大停止，着色进展更快，能够采收的柑橘种类也在增加，真正地到了柑橘类摆到桌上的季节。中熟种和普通种温州蜜柑的采收开始了，另外，柠檬和柚等变成黄色的果实也可以采收了。因为柑橘类总起来讲不耐寒，所以在下霜的地区，在下霜之前必须要采取防寒措施。

NP-M.Fukuoka

在11月采收的柑橘类
迈耶柠檬（参见第24页），不算是纯粹的柠檬，所以果实的形状是圆的，并且酸味很清淡。

主要的工作

基本 **盆栽的换盆**

绝对不能栽到盆里后就放任不管
　　参见第40~41页。

基本 **采收**

采收着了色的果实
　　参见第68~69页。

基本 **果实的贮存**

保存果实
　　参见第71页。

基本 **防寒措施**

寒冷到来之前采取措施
　　盆栽的、庭院栽培的都要采取防寒措施（参见第90~91页）。

专栏

防鸟兽为害措施

　　栗耳短脚鹎和乌鸦、灰惊鸟等鸟类会啄食成熟的果实，野猪、猴子、鹿、浣熊、花面狸等野兽也会为害果实。可挂上网来防鸟，但是防野兽的话应该用电栅栏那样的设施。

被栗耳短脚鹎啄食的温州蜜柑。

M.Miwa

本月的管理

❄ 把树移到不易被冻伤的地方

💧 盆栽：盆土表面干燥时要浇充足的水
庭院栽培：不需要浇水

🎲 都需要施肥

🐛 在病虫害多发之前进行预防

管理

🪴 盆栽

❄ 放置场所：**放在不易被冻伤的地方**

原则上是放在日照好的室外，但是根据培育种类的耐寒性（参见第8页），还是移到日照好的室内等不易被冻伤的地方为好。

💧 浇水：**盆土表面干燥时就要浇水**

浇充足的水，直到水从盆底流出时为止。基本上每3天浇1次。

🎲 施肥：**施秋肥**

参见第73页。

🌿 庭院栽培

💧 浇水：**不需要**

🎲 施肥：**施秋肥**

参见第73页。

🪴🌿 病虫害的防治

蚜虫类、叶螨类、介壳虫类

蚜虫类（参见第51页）、叶螨类和介壳虫类（两者都参见第63页），要根据各自的需要采取防治措施，不要等果实着了色，才开始注意到病虫的为害。实际上，病原菌春天到夏天之间就已经开始侵染、为害了。

🎲 秋肥（底肥）

适期：11月上旬

用以补充因为枝叶和果实的生长发育使用的养分，为了促进第2年的花芽分化，提高耐寒性，可参照下表来施秋肥。

因为气温一降低，肥料的吸收量也降低，所以建议尽量早地施用速效性的复合肥。虽说秋肥也叫作底肥，但是采收没有结束的柑橘类也可以施。

不同栽培方式下的秋肥（复合肥①）的施用量

	花盆和树的大小		施肥量②
盆栽	花盆的大小（号数③）	8号	12克
		10号	18克
		15号	36克
庭院栽培	树冠直径④	不足1米	50克
		2米	200克
		4米	800克

① 复合肥中氮、磷、钾的含量均为8%。
② 一把30克，一捏3克。
③ 8号盆直径为24厘米，10号盆直径为30厘米，15号盆直径为45厘米。
④ 参见第88页。

1月

2月

3月

4月

5月

6月

7月

8月

9月

10月

11月

12月

73

本月的主要工作

基本 采收

基本 果实的贮存

基本 基本的农事工作

挑战 中、高级的尝试工作

---

12 月的柑橘类

一迎来 1 年中白天最短的冬至，天气就更加寒冷了。没有采取防寒措施的要赶紧采取措施。除晚熟的温州蜜柑迎来采收适期外，到了 12 月下旬左右，金橘和甜橘、晴姬、有明等的柑橘类也开始采收了。尽量地在适宜采收时就抓紧采收，吃不了的部分贮存起来，或是做菜用，尽情地享受吧。

NP-M.Takeda

在 12 月采收的柑橘类
金橘中的小玛鲁古（参见第 22 页），籽非常少，枝上的刺也小且少，是很受欢迎的品种。

主要的工作

基本 **采收**
采收着了色的果实
参见第 68~70 页。

基本 **果实的贮存**
保存果实
参见第 71 页。

专栏

在寒冷地带也可以一齐采收

几乎所有的柑橘类，到 12 月底之前都已完全地着色变成黄色或橙色等。第 68 页中采收类型 Ⅲ 的柑橘类，在采收适期之前让其长在树上，等到酸味脱去后就进行采收。但在寒冷地区越冬的果实有时会发生冻害，有的发生成粒，所以在 12 月一齐采收，边贮存边脱着酸味也很好。

在 12 月采收的夏橙，有的人蘸小苏打水把酸中和之后再吃。

M.Miwa

本月的管理

※ 把树移到不易被冻伤的地方

🌂 盆栽：盆土表面干燥时要浇充足的水
庭院栽培：不需要浇水

⚄ 都不需要施肥

🔧 防治越冬病虫害

1月

2月

3月

4月

5月

6月

7月

8月

9月

10月

11月

12月

管理

🪣 盆栽

❄ 放置场所：**放在不易被冻伤的地方**

根据柑橘类的耐寒性（参见第8页），放在日照好的室内等场所，使其安全越冬。

🌂 浇水：**盆土表面干燥时就要浇水**

浇充足的水，直到水从盆底流出时为止。基本上每5天浇1次。

⚄ 施肥：**不需要**

🔼 庭院栽培

🌂 浇水：**不需要**

⚄ 施肥：**不需要**

🪣🔼 病虫害的防治

防治介壳虫类等越冬害虫

防治介壳虫类等越冬害虫（参见第35页）。介壳虫类、叶螨类和锈壁虱类从春天到秋天多发，发生量大且应付不过来时，可用机油乳剂在12月～第2年1月喷1次，3月喷1次，共计2次。如果这样还发生，就在8月左右时再追加喷洒1次（参见第63页）。

成粒

果肉没有水分而干巴巴的状态，原因是过于晚于采收适期才进行采收、贮存的时间太长等，另外，越冬时果实因寒冷而冻伤等也会导致成粒。在合适的地方进行培育，并且适期采收，以尽早吃为好（参见第91页）。

干巴巴的成粒的果实。

浮皮

果皮和果肉之间有了间隙，用手摸有软乎乎的感觉。酸味脱去得过于厉害，除风味下降外，还容易腐烂。要注意氮肥不要施得太多，采取适期采收等措施（参见第71页），就可减轻浮皮现象的发生。

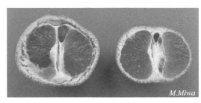

图示的温州蜜柑，左为浮皮，右为正常的。

病虫害的识别和其他常见问题

☼☼☼ 注意度3
要注意预防，如果已经发生了，要立即采取措施进行处理。

☼☼ 注意度2
尽量采取措施进行处理。

☼ 注意度1
不需要特别介意。

在生长发育过程中发生的病害

溃疡病 → 参见第55页 ☼☼☼

一般是从伤口进行侵染。把造成伤口的刺去掉，防止害虫为害即可。

NP-T.Irie

灰霉病 → 参见第55页 ☼☼

从外观上看很不好看，如果想要避免其发生，就摘除开花后的花瓣来进行预防。

M.Miwa

疮痂病 → 参见第51页 ☼☼

因为病原菌是通过雨水传播并侵染的，所以把花盆移到屋檐下等雨淋不着的地方，预防效果就很好。被侵染的叶和果实应及时除去。

M.Miwa

M.Miwa

黑点病 → 参见第57页 ☼☼

因为病原菌在枯枝和落叶中越冬，所以做好修剪工作，彻底地清除枯枝、落叶等即可。

NP-T.Narikiyo

煤污病 → 参见第67页 ☼

做好蚜虫类和介壳虫类的防治工作。

NP-T.Narikiyo

在贮存过程中发生的病害

青（绿）霉病 → 参见第67页 ◯◯

在采收时要注意不要弄伤果实。采取预防措施（参见第71页），在贮存期间湿度不能太大。

轴腐病 → 参见第57、67页 ◯◯

因为病原菌是通过雨水的飞溅而传播侵染的，所以把花盆放在屋檐下等雨淋不着的地方，预防效果就很好。

在柑橘类上可应用的杀菌剂（只列出了容易购买到的）　　　　（资料更新时间为2017年8月）

病害名 药品名（药剂名）	溃疡病	疮痂病	黑点病	灰霉病	轴腐病	青（绿）霉病	干腐病 防止切口 干枯
碱式氯化铜悬浮剂	◯	◯					
苯菌灵可湿性粉剂		◯①		◯①	◯	◯	
甲基托布津可湿性粉剂		◯①			◯	◯	
代森锰可湿性粉剂			◯				
甲基托布津膏剂							◯

注：1. 本资料来源于日本农林水产消费安全技术中心的农药登记情报系统，因为登记的内容随时更新，所以要遵从最新的登记信息。
　　2. 药剂的稀释倍数、使用量、使用时期、使用总次数、使用方法等要严格遵守药品说明书中的内容。
　　3. 药剂使用时要在无风或风小的天气状况下，并有专业的工作服和装备，使药液不要沾到皮肤上。
① 只用于温州蜜柑。

在生长发育过程中发生的害虫

凤蝶类 → 参见第 59 页 ◌◌◌

幼虫为害叶片。只要发现，就立即捕杀。

金龟甲类 → 参见第 40 页 ◌◌◌

幼虫为害根。根少的盆栽柑橘树容易枯死，所以必须注意。在换盆时要仔细查找其幼虫并除去。成虫为害叶。

蚜虫类 → 参见第 51 页 ◌◌

一旦发现，立即捕杀。

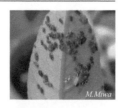

柑橘叶螨 → 参见第 63 页 ◌◌

夏天和冬天喷洒机油乳剂，防治效果很好。

天牛类 → 参见第 56 页 ◌◌◌

幼虫为害地表附近的粗枝，严重时树会干枯，所以必须注意。尽量早地发现洞穴中的幼虫并进行捕杀是关键。

蓟马类 → 参见第 59 页 ◌◌

只有通过喷洒药剂进行防除的效果才好。

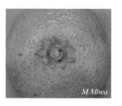

介壳虫类 → 参见第 63 页 ◌◌

一旦发现，就用牙刷等将其擦掉。

柑橘锈壁虱 → 参见第 63 页 ◌◌

夏天和冬天喷洒机油乳剂，防治效果很好。

◯◯◯ 注意度 3
要注意预防，如果已经发生了，要立即采取措施进行处理。

◯◯ 注意度 2
尽量采取措施进行处理。

◯ 注意度 1
不需要特别介意。

椿象类 → 参见第 65 页 ◯◯

除套袋和喷洒药剂外，别无更好的防治方法。

柑橘潜叶蛾 → 参见第 59 页 ◯

把易发生该虫害的夏枝和秋枝剪切掉。

NP-T.Narikiyo

在柑橘类上可应用的杀虫剂（只列出了容易购买到的）　　　　（资料更新时间为2017年8月）

昆虫名 药品名（药剂名）	凤蝶类	天牛类	金龟甲类	蓟马类	蚜虫类	介壳虫类	叶螨类	锈壁虱类	椿象类	柑橘潜叶蛾
噻虫胺水溶剂	◯	◯①	◯②	◯	◯	◯③			◯	◯
噻虫胺 手持喷雾瓶					◯					◯
家庭园艺用马拉硫磷乳剂					◯④	◯④	◯④			
啶虫脒乳油					◯					
95 号机油乳剂						◯	◯	◯		
联苯肼酯悬浮剂							◯	◯		
杀螨特							◯	◯		
淀粉溶液							◯			
菜籽油乳剂							◯			
园艺用苄氯菊酯		◯①								

注：1. 本资料来源于日本农林水产消费安全技术中心的农药登记情报系统，因为登记内容随时更新，所以要遵从最新的登记信息。

　　2. 药剂的稀释倍数、使用量、使用时期、使用总次数、使用方法等要遵守药品说明书中的内容。

　　3. 药剂使用时要在无风或风小的天气状况下，并有专业的工作服和装备，使药液不要沾到皮肤上。

① 只用于星天牛。

② 只用于银点花金龟甲。

③ 只用于印度楝蜡介、粉介、红圆介、梨圆介。

④ 夏橙除外。

其他常见问题

☼☼☼ **注意度 3**
要注意预防，如果已经发生了，要立即采取措施进行处理。

☼☼ **注意度 2**
尽量采取措施进行处理。

☼ **注意度 1**
不需要特别介意。

冻害 → 参见第 35 页 ☼☼☼

盆栽柑橘类，在冬天移到暖和的场所即可。

鸟兽害 → 参见第 72 页 ☼☼☼

因为鸟和兽也喜欢吃柑橘类，所以可用网或电栅栏等进行预防。

成粒 → 参见第 75 页 ☼☼

注意适时采收，并预防越冬时的冻害。

缺水 → 参见第 67 页 ☼☼

缺水会引起根干旱。盆栽柑橘类在夏天时要特别注意。

土壤养分严重缺乏
→ 参见第 89 页 ☼☼

要注意适当地施肥。

浮皮 → 参见第 75 页 ☼☼

要注意不能施氮肥过多，进行适期采收，也可有效预防浮皮。

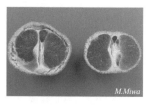

回青 → 参见第 57 页 ☼☼

果皮已经变为黄色或橙色的果实，在 3 月以后又变成了绿色。这是由于气温上升，果实表面的叶绿素再次合成，又发生了光合作用所致。这种现象在巴伦西亚橙等在 3~7 月迎来采收适期的中晚熟柑橘上易发生。如果发生多，就在 2 月采收，边贮存边脱酸味即可。

病虫害防治措施

在柑橘类上发生的病虫害虽然不少，但是如果不拘泥于品质的话，就是不使用农药也能栽培。收集冬天的落叶，一旦发现有病虫害发生初期的部位或害虫，就立即清除是最关键的。如果发生量大或想采收到品质好的果实，请参见第 76~79 页或下表在适期喷洒药剂，就有很好的防治效果。

柑橘类主要病虫害的发生时期和防治对策　以日本关东以西地区为例

	1	2	3	4	5	6	7	8	9	10	11	12
溃疡病			●喷洒药剂		●喷洒药剂							
疮痂病				●喷洒药剂								
黑点病	▲收集落叶					●喷洒药剂	●喷洒药剂					
灰霉病	▲收集落叶				●喷洒药剂							
煤污病			（防治蚜虫类和介壳虫类）		●喷洒药剂	●喷洒药剂		●喷洒药剂				
青（绿）霉病									●喷洒药剂			
轴腐病									●喷洒药剂			
凤蝶类				●喷洒药剂		●喷洒药剂						
天牛类				（成虫和幼虫）		●喷洒药剂	●喷洒药剂					
金龟甲类	（幼虫）			●换盆时驱除幼虫		（成虫）	●喷洒药剂			（幼虫）		
蓟马类						●喷洒药剂	●喷洒药剂	●喷洒药剂				
蚜虫类	▲收集落叶				●喷洒药剂	●喷洒药剂		●喷洒药剂				
介壳虫类	▲擦掉		●机油乳剂			●喷洒药剂		●机油乳剂	●机油乳剂			
柑橘叶螨	收集落叶		●机油乳剂			●喷洒药剂		●机油乳剂	●机油乳剂			
柑橘锈壁虱	收集落叶		●机油乳剂				●喷洒药剂	机油乳剂	●机油乳剂			
椿象类					●喷洒药剂			●喷洒药剂				
柑橘潜叶蛾						（幼虫）●喷洒药剂	喷洒药剂	喷洒药剂				

▬▬▬　受害严重的时期

选择苗木的方法

在选择苗木时，首先要确定选择棒苗还是大苗

所谓棒苗就是如其字一样有 1~2 根枝棒状伸展的 1~2 年生的苗木，价格便宜，流通量大，适合培育矮树的自然开心形。

所谓大苗是有很多分枝的 3 年生以上的苗木，当年能够采收果实，即使在条件不好的地方也不会枯死，但是价格高，也不易培育矮树形。

请根据个人的生活方式和喜好来选择。

有的柑橘类必须要有授粉树

柑橘类基本上是不需要授粉树的。但是柚等柑橘类，虽然有很多正常的花粉，但是自己的花粉即使落到雌蕊上，因为遗传的问题也不能授精（自家不亲和性强），从而不能结实，就需要购买不同种类的柑橘类苗木作为授粉树。授粉树即使是必需的柑橘类同种类的组合也没有关系。但是花粉少的温州蜜柑等不适合作为授粉树。

棒苗　　　　　　**大苗**

适合庭院栽培的大苗　　**适合盆栽的大苗**

左边苗在高位置处分权，受泥水飞溅的影响小，除草也方便，所以适合庭院栽培。右边这棵苗从位置低的地方分权，重心在下面，所以不易倒伏，采收也方便，所以是适合盆栽的大苗。

必须要用授粉树的柑橘类

柚	晚白柚	八朔柑
日向夏	米尼奥拉	黄柑

注：上述柑橘类自家不亲和性强。

因花粉太少而不适合作为授粉树的柑橘类

温州蜜柑	清见	不知火
濑户火		

注：因为即使没有种子也能结实，所以上述柑橘类不需要授粉树。

好的苗木　　　　　　　　　　不好的苗木

左边的苗木叶色浓绿，枝也健壮。
右边的苗木叶色浅且发黄，多数叶不好。

好苗、坏苗的辨别方法

苗木最重要的是叶的状态。可以说叶色浓绿、量多的就是好状态。要避开那些因为光照不足、肥料不足而变黄的叶和因为寒冷而变色的叶（参见第35页）多的苗木。

其次是看枝的状态。棒苗若有1~2根又粗又健壮、笔直伸展的枝便为好苗木。大苗，应选择那些枝多又健壮，没有伸展得很长的苗木。

虽然是带着果实的大苗，但叶片数量少，状态不好。所以注重叶和枝的状态才是选苗的关键。

另外，在购买带着果实的大苗（实生苗）时，很容易被带着的果实吸引住目光，但是像前面所说的那样，以枝叶为中心来选择是最重要的。而且结实太多的苗木，容易引起隔年结实现象（参见第60页），第2年有可能没有果实了，所以购买时要尽量避开，或者是对小的果实进行疏果（参见第60~61页）。

图示为迈耶柠檬。像这种既有种类名称（柠檬），又有品种名称（迈耶柠檬）的苗木才适合购买。

购苗与栽培、换盆的时期

庭院栽培，建议在栽培适期的3~4月购苗。盆栽，建议在适宜换盆的3~4月或9~11月购苗。无论哪种情况，都是在适期以外买的苗木，如果立即栽上，有可能损伤根，所以在适期栽培或换盆之前就应购买好盆栽苗并照原样暂时先培育着。

需要的工具

务必要准备的工具

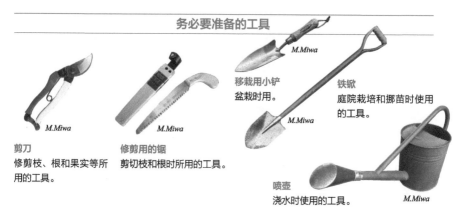

移栽用小铲
盆栽时用。

铁锨
庭院栽培和挪苗时使用
的工具。

剪刀
修剪枝、根和果实等所
用的工具。

修剪用的锯
剪切枝和根时所用的工具。

喷壶
浇水时使用的工具。

若有会更方便操作的工具

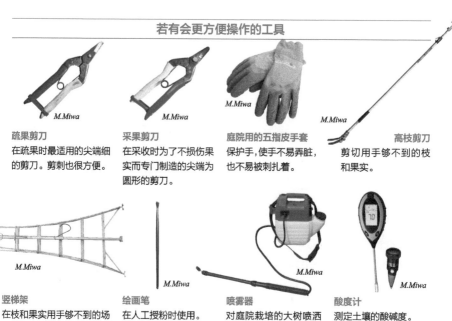

疏果剪刀
在疏果时最适用的尖端细
的剪刀。剪刺也很方便。

采果剪刀
在采收时为了不损伤果
实而专门制造的尖端为
圆形的剪刀。

庭院用的五指皮手套
保护手，使手不易弄脏，
也不易被刺扎着。

高枝剪刀
剪切用手够不到的枝
和果实。

竖梯架
在枝和果实用手够不到的场
合，作为踏着的平台使用。

绘画笔
在人工授粉时使用。

喷雾器
对庭院栽培的大树喷洒
药剂时使用。

酸度计
测定土壤的酸碱度。

挑战一下播种育苗

从播种到结果需要 8 年左右的时间

从吃的果实中取出种子播入土壤后到能够结果，通常需要 8 年左右的时间，慢的则需要 10 年甚至更长时间。因此，如果想早点收获果实，就去购买已嫁接好的苗木。

但是，柑橘类的种子播种后，1 粒种子能发出几个芽（见下图），观察时不仅很有趣，而且用嫁接（参见第52~53 页）的方法，在培育新苗木时也有了砧木，所以一定要挑战一下。

左：里斯本（柠檬）
中：迈耶柠檬
右：柚
根据种类和品种的不同，所发芽的数量也不同，观察时会很有乐趣。

播种的时期

发芽后受低温影响小的 3~4 月为最适宜的播种时期。但是在室内，只要确保温度在 10℃ 以上，种子就能够发芽，所以播种不受时间的限制，随时都可进行。

播种的顺序

❶ 把种皮剥去
种子如果连皮播下去的话容易生霉，发芽也有晚了的倾向。所以播种前应用手指弄开口，把皮剥去。

❷ 播入土中等地方
把种子播在装有蔬菜用培养土（市场上有售）的盆钵内，定期浇水，2 周左右就可发芽。

若想观察发芽……
在制冰皿等容器中铺上脱脂棉后播种，可观察多个品种的种子发芽状态。

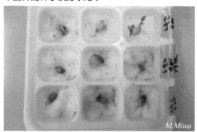

整形培育的方法

整形培育

所谓整形培育，就是把买来的苗木栽到院子里，或是栽到花盆里之后，进行修剪和引缚等工作，把树弄成易结实、管理方便的形状（树形）的一系列工作。因为等苗木长成大树以后再进行整形培育，难度就大了，所以从幼树就进行整形培育是最关键的。柑橘类的整形培育方法，推荐以下3种。

1. 自然开心形的整形培育

从植株基部附近成为骨干的粗枝有2~4根发生并横向扩展的整形培育方法，适合很多柑橘类的基本树形，容易维持矮树的状态。

优点：不易长成大树，容易管理。

缺点：需要从幼树时就进行整形培育。

M.Miwa

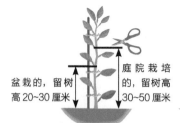

盆栽的，留树高20~30厘米

庭院栽培的，留树高30~50厘米

留2~4根枝

第1年（栽植）

栽植棒苗，盆栽的，留树高20~30厘米；庭院栽培的，留树高30~50厘米，把其余的剪掉。若为大苗，则从第2~3年开始培育。

第2~3年

选角度和长度合适的2~4根枝留下，其他枝从基部疏掉。留下的枝要使用支柱和细绳引缚，使其斜向生长。

第4年以后

把留下的枝作为骨干枝，使骨干枝上再发出枝并结实。把笔直向上生长的徒长枝从基部剪切掉，维持矮树的状态。

2. 不规则主干形的整形培育

树如果长高了，就把顶端的枝剪掉（右图中白线指示位置），把树的生长发育止住的整形培育方法。该方法使树易长成纵长的树形，适合盆栽。

优点：即使是放任不管，也能采收到果实。

缺点：很容易长成大树。

基本上不需要剪短

剪短

把顶端剪掉，使其停止生长

第1年（栽植）
栽植棒苗时，不用将枝剪短。若为大苗，则从第2~3年开始培育。

第2~3年
混杂拥挤的枝要从基部剪切掉，把长枝的顶端剪短1/4，使树扩展生长。

第4年以后
若树长得太高，就把树顶端的枝从分杈处进行剪切，使其停止生长。

3. 自然圆头形的整形培育

使植株从低的位置发出多根枝，将其培育成像扇子一样的形状，适合容易分枝的金橘的整形培育方法。

优点：金橘自然生长状况下适合此种整形培育方法，操作起来容易。

缺点：枝容易混杂拥挤。

第1年（栽植）
栽植棒苗，盆栽的，留树高20厘米；庭院栽培的，留树高30厘米，把其余的剪掉。若为大苗，则在第2年以后开始培育。

盆栽的，留树高20厘米

庭院栽培的留树高30厘米

第2年以后
因为枝容易混杂拥挤，所以尽量把枝从基部疏掉，长枝应从顶端剪短1/4左右。

补充说明

施肥的要点

施肥的种类

用什么样的肥料好呢？施肥时经常面临这样的选择。对于柑橘类来说，肥料就像人吃饭一样，如果能满足土壤基本的物理性（柔软度、疏松度）和化学性（养分含量）等的需要，无论用什么样的肥料都没有问题。

在本书中，将介绍春肥中的油渣（从有机肥料中容易获取），以及夏肥、初秋肥、秋肥中的复合肥（吸收率高）的施肥方法。

施肥的场所

盆栽　均匀地施到盆土的表面，不需要锄到盆土中，一般也只施在花盆内的周边部分，但是根在盆中是全域性地分布的，如果局部施肥的话容易伤根，所以笔者推荐全面均匀地施肥为好。

庭院栽培　和盆栽不同，要正确把握根的扩展范围是不可能的，但是根的大部分在树冠范围的地下部扩展，所以应在树冠范围内全面均匀地施肥。如果再用锄锄一下，把肥料锄到土层中，除了能促进肥料的吸收外，还能减少鸟等啄食肥料的机会，特别是有机肥料。

左：油渣，除了骨粉和鱼粉等，若混入其他有机肥料会更好。其成品形态是固体或粉末。
右：复合肥（如氮、磷、钾的含量均为 8%），缓效性、速效性都可以。

施肥场所　盆栽

均匀地施到盆土的表面，不需要放在土壤内。

施肥场所：庭院栽培

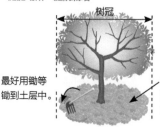

树冠

最好用锄等锄到土层中。

均匀撒施到树冠范围内。

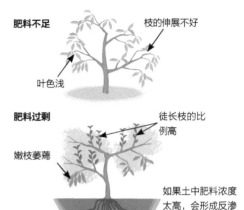

肥料不足
枝的伸展不好
叶色浅

肥料过剩
徒长枝的比例高
嫩枝萎蔫

如果土中肥料浓度太高，会形成反渗透压而伤根。

施肥量

施肥量要根据树的大小来进行调整。盆栽的以花盆的号数为依据，测量一下花盆的直径（厘米），除以3就可得到号数。例如：直径是30厘米的花盆是10号。庭院栽培的以树冠（参见第88页）的直径（米）作为衡量施肥量的标准。

下表是油渣和复合肥的参考用量，要根据枝的伸展方式与颜色、结实状况等进行调整。

如果肥料不足，枝的发生量就少，有叶色变浅的倾向。肥料如果过剩，除徒长枝的比例和枝的发生量增加外，还有可能伤根而导致缺水，嫩枝就会萎蔫。

不同栽培方式下的肥料施用

施肥时期	肥料的种类①	盆栽			庭院栽培		
		花盆的大小（号数）			树冠的直径		
		8号	10号	15号	不足1米	2米	4米
2月 春肥（基肥）	油渣	60克	90克	180克	240克	960克	4000克
6月 夏肥（追肥1）	复合肥	9克	14克	28克	35克	140克	500克
9月② 初秋肥（追肥2）	复合肥	9克	14克	28克	35克	140克	500克
11月 秋肥（底肥）	复合肥	12克	18克	36克	50克	200克	800克

① 油渣氮、磷、钾的含量分别为5%、3%、2%，复合肥中氮、磷、钾的含量均为8%。
② 因为对温州蜜柑有不好的影响，所以不能施。
注：施肥量没有必要去称量，大体上一把30克，一捏3克。

防寒措施（适期：11月下旬～第2年2月下旬）

在操作之前应掌握的基本知识

柑橘类的祖先据说生长在印度的东北部温暖的地区。因此，总的来讲柑橘类耐寒性较弱。由于冬天栽培时没有做好防寒措施，因寒冷而枯死的事例也出现过，所以必须要注意。首先要掌握所栽培柑橘类的耐寒性（参见第8页）。

其次是把握居住地一年当中最寒冷天气的最低温度，然后调查天气预报等预告的最低温度，还有气象部门在网上等发表的过去的气象数据等。

最后把柑橘的耐寒性和居住地冬天的最低温度相比较，然后以低于耐寒临界温度的天数为基础，从下面的❶❷中选择合适的防寒措施。

* 若所培育的柑橘类的耐寒临界温度没有记载，则可参考同种类和杂交亲本等的数据。

盆栽

柠檬
耐寒临界温度为 -3℃

❶
-3℃以下的天数少的地区（3天以内）

在室外使其越冬

例如：日本静冈市
-3℃以下的天数为1天
（2016年）

在低于耐寒临界温度的日子，采取暂时移到室内等措施以防寒。

注：气象数据来源于2016年日本气象厅HP。

❷
-3℃以下的天数有很多的地区（4天以上）

把花盆移到日照好的室内

例如：日本茨城市
-3℃以下的天数为
28天（2016年）

当高于耐寒临界温度时，不必非得放在室内，只要是日照好的地方就行。

要注意空调的温风等不能直接吹向植株。

庭院栽培

在适宜地区进行培育是根本

　　庭院栽培，因为不能像盆栽那样可移动放置场所，所以选择在居住地的最低温度低于耐寒临界温度的天数要在3天以内是最基本的。对于栽上后会因寒冷而导致干枯的柑橘类，不要将其作为庭院栽培对待，而应像盆栽那样采取防寒措施。

幼树的防寒

　　3年生的幼树因为特别不耐寒，所以需要采取像下图所示的防寒措施。因为待树长大就不好弄了，所以这些方法是适合幼树的防寒措施。

果实的防寒（套袋）

　　在1~7月迎来采收适期的柑橘类，果实在成熟期因遇寒冷而受冻或损伤，都有可能引起成粒（参见第75页）。如果是在下霜的地区，在11月时套上果袋，可以抵御寒冷，从而保护果实。

果袋在园艺商店中有售。因为针对柑橘类专用的很少，所以可采用苹果和梨的果袋。

把枝叶用白色的珠罗纱或无纺布围起来进行保温

在根周围铺上稻草等对根进行保温

这些防寒措施在寒冷缓和了的2月下旬~3月上旬便可以撤掉。

结实不好时的应对法

你所栽培的柑橘类的状态是 A~C 中的哪一种呢？查明原因，对症采取措施吧。

A 不开花了
符合右边的哪一条？

1. 幼嫩苗木栽植几年以内 　　　　→ 参照 ❶へ
2. 落叶多 　　　　　　　　　　　→ 参照 ❷❸へ
3. 叶变色、干枯 　　　　　　　　→ 参照 ❸へ
4. 枝叶瘦弱、叶色浅 　　　　　　→ 参照 ❷❹へ
5. 又粗又长的徒长枝很多 　　　　→ 参照 ❺へ
6. 去年采收了很多果实 　　　　　→ 参照 ❻へ
7. 修剪时一下子剪得太狠了 　　　→参照 ❺へ

B 虽然开花，但是 立即就落了
符合右边的哪一条？

1. 幼嫩苗木栽植几年以内 　　　　→ 参照 ❶へ
2. 落叶多 　　　　　　　　　　　→ 参照 ❷❸へ
3. 叶变色、干枯 　　　　　　　　→ 参照 ❸へ
4. 枝叶瘦弱、叶色浅 　　　　　　→ 参照 ❷❹へ
5. 又粗又长的徒长枝很多 　　　　→ 参照 ❺へ
6. 去年采收了很多果实 　　　　　→ 参照 ❻へ
7. 修剪时一下子剪得太狠了 　　　→ 参照 ❺へ
8. 没有进行人工授粉 　　　　　　→ 参照 ❼へ
9. 栽培着八朔柑等 　　　　　　　→ 参照 ❼へ

C 虽然结了果实，但是 在采收之前就脱落了
符合右边的哪一条？

1. 落叶多 　　　　　　　　　　　→ 参照 ❷❸へ
2. 叶变色干枯 　　　　　　　　　→ 参照 ❸へ
3. 枝叶瘦弱、叶色淡 　　　　　　→ 参照 ❷❹へ
4. 又粗又长的徒长枝很多 　　　　→ 参照 ❺へ

❶ 购买的苗木太幼嫩了

要长成大树，在树势还没有稳定之前不结实。例如，所买棒苗，从栽上后大约3年左右采收不到果实（参见第82页）。

❷ 日常管理不恰当

请重新考虑以下的管理，进行改善。
- 日照不足→盆栽的放置场所（对照各月盆栽放置场所的说明）
- 严重缺水→浇水（对照各月的浇水说明）
- 严重缺肥→施肥（参见第88~89页）

❸ 遇到了低温，发生了冻害

因为寒冷使树势变弱了。应采取防寒措施（参见第35、90~91页）。

❹ 盆栽的，发生根拥挤堵塞

花盆中的旧根因为塞得满满的，所以不能很好地吸收养分和水分。进行换盆创造空间，使新根有伸展的余地（参见第40~41页）。

❺ 施肥过多或剪枝太多

枝的伸展过于旺盛，有可能养分没有被充分地输送到果实部位。枝过于伸展的原因，可能性最高的是施肥过多（参见第89页）或修剪时剪枝太多（参见第45页）。

❻ 发生了隔年结实现象

果实如果结得太多，第2年的养分就会不足，结实就会出现不好的倾向。如果结实太多，就进行疏果（参见第60~61页），使结实量适中，每年的采收量就稳定了。

❼ 授粉失败

由于气候不适和其他环境原因，在开花时蜜蜂等传粉昆虫活动迟缓，有可能导致授粉失败。进行人工授粉，可提高授粉率（参见第54页）。另外，在培育八朔柑和柚等种类时，存在即使自身的花粉授了粉，结实也很差的可能，所以必须栽植授粉树（参见第82页）。

食用方法

根据种类和品种的不同，会有各种各样的食用方法

　　柑橘的种类和品种丰富多样，食用的部位和剥皮的方法也不相同。食用方法有多种，首先要知道最常用的，再增加适合个人喜好的。

A　连皮一起吃

　　把果实整个吃下去的方法，适合小果并且果皮（黄表皮）中有甜味的柑橘类，如金橘等。

NP-M.Fukuoka

因为金橘的果皮中有甜味，果肉中有酸味，所以可以整个吃下去。

B　剥去果皮后连囊瓣一起吃

　　用手或水果刀剥去果皮之后，连囊瓣一起吃。适合囊瓣柔软的柑橘类。

囊瓣

M.Miwa

去掉白色的棉絮和筋（白内皮）之后再吃的人也有很多。

C　剥去果皮和囊瓣膜

　　先用 B 的方法剥去果皮，接着把囊瓣膜剥去之后再吃。除了囊瓣膜坚硬的柑橘类，对在 B 吃法中介意囊瓣膜留在口中的人，也推荐 C 吃法。如柚类、八朔柑、伊予柑、温州蜜柑、甜橘等。

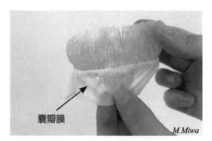

囊瓣膜

M.Miwa

把整个囊瓣放入口中，只把囊瓣膜弄出来的人也有。

D　切成齿形等

用水果刀把果实切成齿形，果肉的部分连同囊瓣一起吃。一分为二切成两块儿，然后用小匙子挖果肉吃也可。该吃法适合果皮难剥、囊瓣膜柔软的柑橘类。如红花、天草、葡萄柚、甜橙类、清见等。

M.Miwa

图示中这样的切法叫齿形切（齿切）。

M.Miwa

E　用刀剥去果皮后切开

用水果刀等像削苹果那样只剥去黄色的果皮（黄表皮），连白色棉絮状部位（白内皮）和果肉一起切开吃。该吃法适合果皮难剥、白内皮的苦味少、囊瓣膜柔软的柑橘类。如日向夏、春火、黄橘、枸橼等。

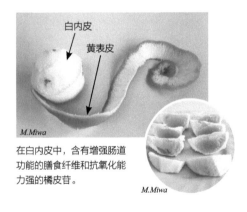

白内皮

黄表皮

M.Miwa

在白内皮中，含有增强肠道功能的膳食纤维和抗氧化能力强的橘皮苷。

M.Miwa

F　榨果汁或者进行加工

适合酸味强的柑橘类。除榨取果汁后调香味或做果汁外，还可加工成果酱、糖水水果、砂糖腌渍和色拉调料等。主要是香酸柑橘类采用此方法。如：柠檬、酸橙、柚、酸橘、瓯橘、扁实柑橘、香橼等。

NP-T.Irie

从调味品到果酱等丰富多彩。图示是用柠檬做的意大利面食。

Original Japanese title: NHK SHUMI NO ENGEI 12 KAGETSU SAIBAI
NAVI ⑥KANKITSURUI Copyright © 2017 MIWA Masayuki

Original Japanese edition published by NHK Publishing, Inc.

Simplified Chinese translation rights arranged with NHK Publishing,Inc.
through The English Agency (Japan) Ltd. and Eric Yang Agency

图书在版编目（CIP）数据

图解柑橘类整形修剪与栽培月历 /（日）三轮正幸著；
赵长民译. — 北京：机械工业出版社，2018.11（2022.8重印）
（NHK园艺指南）
ISBN 978-7-111-61173-8

Ⅰ.①图… Ⅱ.①三… ②赵… Ⅲ.①柑桔类 – 果树
园艺 Ⅳ.①S666

中国版本图书馆CIP数据核字（2018）第239644号

机械工业出版社（北京市百万庄大街22号　邮政编码100037）
策划编辑：高　伟　　责任编辑：高　伟
责任校对：张　力　　责任印制：单爱军
北京虎彩文化传播有限公司印刷

2022年8月第1版·第4次印刷
147mm × 210mm·3印张·112千字
标准书号：ISBN 978-7-111-61173-8
定价：35.00元

原书封面设计
冈本一宣设计事务所

原书正文设计
山内迦津子、林圣
子、大谷钿（山内浩
史设计室）

封面摄影
成清彻也

正文摄影
入江寿纪/上林德宽/
田中雅也/筒井雅之/
成清彻也/福田稔/
福田将之/丸山滋/
牧稔人

插图
楢崎义信
太良慈朗
（图片绘制）

原书校对
安藤干江/高桥尚树

原书协助编辑
三好正人

原书企划策划·编辑
上杉幸大（NHK出
版）

协助取材·照片提供
千叶大学环境健康领
域科学中心/阿尔斯摄
影策划/山阳农园/日
本柑橘中心/林泰惠/
花园泉/三轮正幸